机械基础

主 编 王红梅 周亚男

北京理工大学出版社
BEIJING INSTITUTE OF TECHNOLOGY PRESS

图书在版编目（CIP）数据

机械基础 / 王红梅，周亚男主编. —北京：北京理工大学出版社，2018.3
ISBN 978-7-5682-5210-2

Ⅰ. ①机… Ⅱ. ①王… ②周… Ⅲ. ①机械学 Ⅳ. ①TH11

中国版本图书馆 CIP 数据核字（2018）第 009900 号

出 版 发 行 / 北京理工大学出版社有限责任公司
社　　　　址 / 北京市海淀区中关村南大街 5 号
邮　　　　编 / 100081
电　　　　话 /（010）68914775（总编室）
　　　　　　　（010）82562903（教材售后服务热线）
　　　　　　　（010）68948351（其他图书服务热线）
网　　　　址 / http://www.bitpress.com.cn
经　　　　销 / 全国各地新华书店
印　　　　刷 / 定州启航印刷有限公司
开　　　　本 / 787 毫米×1092 毫米　1/16
印　　　　张 / 18
字　　　　数 / 350 千字
版　　　　次 / 2018 年 3 月第 1 版　2018 年 3 月第 1 次印刷
定　　　　价 / 75.00 元

责任编辑 / 张荣君
文案编辑 / 张荣君
责任校对 / 周瑞红
责任印制 / 边心超

图书出现印装质量问题，请拨打售后服务热线，本社负责调换

前　言

　　为深入贯彻落实党的十九大精神，推进实现教育部印发《教育信息化"十三五"规划》，不断扩大优质教育资源覆盖面，优先提升教育信息化促进教育公平、提高教育质量。通过推广"一校带多点、一校带多校"的教学和教研组织模式，逐步使依托信息技术的"优质学校带薄弱学校、优秀教师带普通教师"模式制度化。同时按照职业院校"十三五"发展规划目标，以完善办学功能、注重内涵发展、提高办学质量为宗旨，不断深化人才培养模式和教学模式的改革创新，加快学校专业课程体系和精品课程的建设。因此我们组织了具有丰富教学经验的教师和教学一线的优秀教师，按照新教学模式的要求，并结合院校和学生实际，编写了本教材。

　　本教材的特点主要体现在以下几个方面。

　　（1）以能力为本位，突出职业技术教育特色。根据机械类高级工从事相关岗位的实际需要，对教材内容的深度、难度做了适当的调整，吸收和借鉴职业院校教学改革的成功经验，合理确定学生应具备的能力结构与知识结构，以满足企业对技能型人才的需求，并为今后学生实践能力的进一步提升奠定基础。

　　（2）本教材在编写过程中，严格贯彻国家相关技术标准要求，并力求使教材内容涵盖相关国家职业标准的知识和技能要求。

　　（3）在教材内容的呈现形式上，较多地利用图片、实物照片和表格等形式将知识点进行生动的展示，力求让学生更加直观地理解和掌握所学内容。针对不同的知识点，以问题为导向设计了贴近实际生产、生活的互动栏目，意在引导学生自主学习、激发学习兴趣，使教材直观、易教、易学。

　　（4）为能更好地提升教学质量，本教材配有方便教学的 PPT 课件、多媒体资源等。此外还配有习题册，以便教师教学和学生练习使用。

　　在本课程的研发过程中得到了李文利、王东风以及各合作部门在技术、人员、经费等资源的大力支持，在此表示诚挚的感谢。

编　者

目　录

第二篇　常用机构

第三篇　轴系零件

绪　论

机械是人类进行生产劳动的主要工具，也是社会生产力发展水平的重要标志。人类为了适应生产和生活的需要，不断推动着机械工业的发展。1782 年，英国人瓦特发明了蒸汽机，促进了产业革命。从此，机械有了日新月异的迅猛发展。现今，在人们的生产和生活中广泛地使用着各种类型的机械，如图 0-1 所示的数控机床、摇臂钻床、汽车、CRH 动车组列车等，以减轻或代替人们的劳动。那么，这些机械是怎样组成并工作的呢？

（a）数控机床

（b）摇臂钻床

（c）汽车

（d）CRH 动车组列车

图 0-1　各种机械

1. 课程的性质和学习内容

1）本课程的性质

机械基础是机械类专业的一门基础课，其研究对象是机构和机器。通过本课程的学习，为学生学习专业技术课程和培养专业岗位能力打下基础。

2）课程内容

本课程包括如下主要内容。

（1）机械传动。机械传动包括带传动、螺旋传动、链传动、齿轮传动、蜗杆传动和轮系。

（2）常用机构。常用机构包括平面连杆机构、凸轮机构及其他常用机构。

（3）轴系零件。轴系零件包括键、销、轴、轴承、联轴器、离合器和制动器。

2．机器与机构

机器是人们根据使用要求而设计的一种执行机械运动的装置，可以用来变换或传递能量、物料与信息，从而代替或减轻人类的体力劳动和脑力劳动。例如，图 0-2 所示的汽油机。机构是具有确定相对运动的构件组合，是用来传递运动和动力的构件系统。例如，图 0-3 所示的汽油机的曲柄滑块机构。

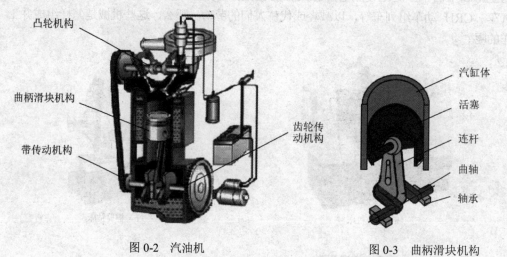

图 0-2　汽油机　　　　　　　　　图 0-3　曲柄滑块机构

一般而言，机器通常由动力部分、传动部分、执行部分和控制部分组成，各组成部分的作用和应用举例如表 0-1 所示。

表 0-1　机器各组成部分的作用及应用举例

组成部分	作用	应用举例
动力部分	机器工作的动力来源，把其他类型的能量转换为机械能，以驱动机器各部分运动	电动机、内燃机、空气压缩机等
传动部分	将动力部分的运动和动力传递给执行部分	机床中的带传动、齿轮传动、螺旋传动等
执行部分	直接完成机器工作任务的部分，处于整个传动装置的终端	机床的主轴、托板
控制部分	控制机器正常运行和工作，并随时实现或终止机器的各种预定动作	汽车的转向盘、刹车装置等

机器与机构在功用上的区别在于：机器是利用机械能做功或实现能量转换的，而机构是传递或转换运动，或者实现某种特定的运动形式。如果不考虑做功或实现能量转换，只从结构和运动的角度来看，机构和机器之间是没有区别的。因此，为了简化叙述，有时也用"机械"一词作为机构和机器的总称。

例如，摩托车是多件实物的组合体，它由发动机、链传动、前后车轮、车架、车把和控制器等组合而成（图0-4），用以实现人们所预期的工作要求和动作。

图 0-4　摩托车

动力部分、传动部分、执行部分和控制部分之间的关系，如图0-5所示。

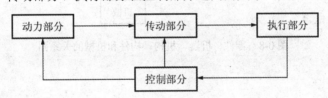

图 0-5　机器组成部分关系图

3. 构件与零件

构件是机构中运动的单元体，如汽油机曲柄滑块机构中的连杆等（图0-6）。

零件是机器及各种设备的基本组成单元。从机器的构成上看，零件是构件的组成部分，如汽油机连杆上的螺母、螺栓、连杆体、连杆盖等（图 0-7）。有时也将用简单方式连成的单一元件称为零件，如轴承、轴等。

零件与构件的区别在于零件是制造的单元，构件是运动的单元，构件可以是一个独立的零件，也可以由若干个零件组成。

零件、机器、机构、构件和机械的关系图如图0-8所示。

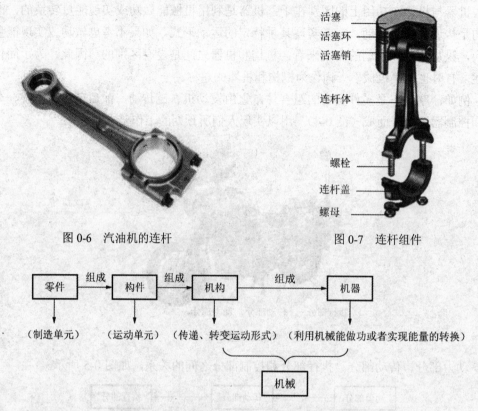

活塞
活塞环
活塞销

连杆体

螺栓
连杆盖
螺母

图 0-6　汽油机的连杆　　　　　　　　　　图 0-7　连杆组件

零件 ──组成──▶ 构件 ──组成──▶ 机构 ──────组成────── 机器

（制造单元）　　（运动单元）　（传递、转变运动形式）　（利用机械能做功或者实现能量的转换）

机械

图 0-8　零件、机器、机构、构件和机械的关系图

第一篇 机械传动

传动是指利用构件或机构把动力从机器的一部分传递到另一部分，使机器或机器部件运动或转动。在现代工业中，主要应用的传动方式有机械传动、液压传动、气动传动和电气传动4种。其中，机械传动是最基本、应用最普遍的传动方式，它利用机械方式来实现运动和动力的传递。常用的机械传动的形式有带传动、螺旋传动、链传动、齿轮传动、蜗杆传动等。

第1章 带 传 动

带传动是机械传动中重要的传动形式之一，随着工业技术水平的不断提高，带传动在金属切削机床、汽车工业、家用电器、办公机械等多个领域得到广泛应用。带传动实例如图 1-1 所示。

本章主要介绍平带传动的传动形式及主要参数，V 带的结构类型、V 带传动的主要参数，以及 V 带传动的安装与维护等内容。

（a）跑步机　　　　　　　　（b）组合式水泵　　　　　　　　（c）空气压缩机

图 1-1　带传动实例

1.1　平 带 传 动

？思考

在实际生活中，有许多利用带传动的例子，带的类型也很多，你见过什么形式的传动带？用在了什么机器上？

1.1.1　带传动概述

1. 带传动的组成和原理

扫一扫

带传动一般由主动轴上的带轮（主动轮）、从动轴上的带轮（从动轮）和紧套在两轮上的挠性带组成，如图 1-2 所示。

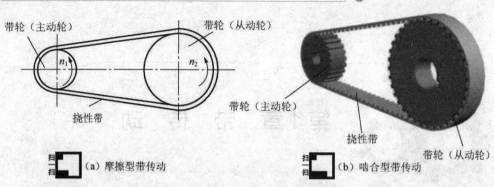

图 1-2　带传动的组成

传动带张紧在主动轮和从动轮上，使带与带轮接触面间产生正压力，主动轮转动时，依靠带与带轮接触面之间的摩擦力（或啮合力）来传递运动和动力。

2. 带传动的类型

根据工作原理不同，带传动分为摩擦型带传动［图 1-2（a）］和啮合型带传动［图 1-2（b）］两种。带传动的类型及特点如表 1-1 所示。

表 1-1　带传动的类型及特点

类型		图例	简图	特点
摩擦型带传动	平带			截面形状为扁平矩形，内表面为工作面。结构简单，但传动比不准确
	V 带			截面形状为梯形，两侧面为工作面。承载能力较大，约为平带的 3 倍，使用寿命长
	多楔带			截面形状为多楔形，多楔带的楔形侧面为工作面。传递功率大，传动效率较高且使用寿命长
	圆带			截面形状为圆形。抗拉强度较高，安装方便，使用寿命长

类型	图例	简图	特点
啮合型带传动	同步带		依靠带内侧的横向齿与带轮啮合来传动。传动比准确，传动效率高

3. 带传动的传动比

带传动的传动比是主动轮的转速 n_1 与从动轮的转速 n_2 之比，用公式表示为

$$i_{12} = \frac{n_1}{n_2} = \frac{d_2}{d_1}$$

式中，n_1、n_2——主动轮和从动轮的转速（r/min）；

d_1、d_2——主动轮和从动轮的直径（mm）。

4. 带传动的特点

（1）结构简单，使用维护方便，制造容易，成本低，适用于两轴中心距较大的场合。

（2）富有弹性，能缓冲、吸振，传动平稳，噪声低。

（3）过载时会产生打滑现象，可起到安全保护作用。

（4）不能保证准确的传动比，不适宜要求传动比准确的场合。

（5）不宜在高温、淋水的场合使用。

1.1.2 平带传动

1. 平带传动的传动形式及工作特点

平带传动是由平带和平带轮组成的摩擦传动，如图 1-3 所示。平带的横截面为扁平矩形，其工作面是与轮缘表面相接触的内表面，如图 1-4 所示。

平带传动的传动形式有开口式、交叉式和半交叉式 3 种，其工作特点如表 1-2 所示。

图 1-3 平带传动

图 1-4 平带的工作面

表 1-2 平带传动的形式及特点

传动形式	开口式传动	交叉式传动	半交叉式传动
简图			
图例			
工作特点	两轴平行，转向相同，可双向传动。带只单方向弯曲，使用寿命长	两轴平行，转向相反，可双向传动。带受附加扭转力作用，且在交叉处磨损严重	两轴交错，只能单向传动。带受附加扭转力作用，带轮要有足够的宽度

2. 平带的接头形式

按传动的要求不同，平带应选择不同的接头形式。平带常见的接头形式及应用特点如表 1-3 所示。

表 1-3 平带常见的接头形式及应用特点

接头形式	简图	应用特点
黏结接头		接头平滑、可靠、连接强度高，可用于高速、大功率及有张紧轮的传动
带扣接头		连接迅速方便，但其端部结构被削弱，运转中有冲击，速度不能太高。一般用于线速度 $v < 20 \text{m/s}$，经常改接的中小功率的橡胶帆布平带传动中
螺栓接头		连接方便，接头强度高，只能单向传动，传递功率大。一般用于线速度 $v < 10 \text{m/s}$，功率较大的橡胶帆布的平带传动

1.1.3 平带传动的主要参数

1. 传动比

平带传动的传动比计算公式同带传动的传动比。

通常平带传动的传动比 $i_{12} \leqslant 5$。

2. 带轮的包角

带轮的包角是指带与带轮接触面的弧长所对应的圆心角,如图 1-5 所示。包角越小,接触的弧长就越短,接触面之间所产生的摩擦力总和就越小,带能传递的功率就越小。由于大带轮的包角总是比小带轮的包角大,因此,只计算小带轮的包角是否符合要求即可。一般要求小带轮包角 $\alpha_1 \geqslant 150°$。

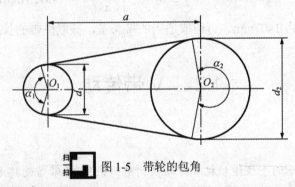

图 1-5　带轮的包角

3. 平带的几何长度

平带的几何长度是指根据图 1-5 计算出的长度,称为计算长度。采用不同传动形式时,带轮的包角和带长不尽相同,带轮的包角和带长的计算公式如表 1-4 所示。在实际使用中,带的长度还必须考虑带的悬垂量和带的接头量。

表 1-4　不同传动形式带轮包角和带长的计算公式

传动形式	开口传动	交叉传动	半交叉传动
小带轮 包角 (°)	$\alpha_1 = 180° - \dfrac{d_2 - d_1}{a} \times 60°$	$\alpha_1 = 180° + \dfrac{d_1 + d_2}{a} \times 60°$	$\alpha_1 = 180° + \dfrac{d_1}{a} \times 60°$
平带几 何长度 (mm)	$L = 2a + \dfrac{\pi}{2}(d_1 + d_2) + \dfrac{(d_2 - d_1)^2}{4a}$	$L = 2a + \dfrac{\pi}{2}(d_1 + d_2) + \dfrac{(d_1 + d_2)^2}{4a}$	$L = 2a + \dfrac{\pi}{2}(d_1 + d_2) + \dfrac{d_1^2 + d_2^2}{2a}$

【例 1-1】　某带式输送机,工作中发现其上的平带由于变形、磨损、老化等原因已不能正常使用,需要更换。通过测量得到主动轴与从动轴之间的中心距 $a = 480\text{mm}$,主动轮(小带轮)直径 $d_1 = 80\text{mm}$,从动轮(大带轮)直径 $d_2 = 200\text{mm}$。试计算传动比和小带轮包角,并确定所需平带的几何长度。

解 （1）计算传动比。

$$i_{12} = \frac{n_1}{n_2} = \frac{d_2}{d_1} = \frac{200}{80} = 2.5$$

因为 $i_{12} < 5$，所以传动比合格。

（2）计算小带轮包角。

$$\alpha_1 = 180° - \frac{d_2 - d_1}{a} \times 60° = 180° - \frac{200 - 80}{480} \times 60° \approx 165°$$

因为 $\alpha_1 \approx 165° > 150°$，所以包角合格。

（3）计算平带的长度。

$$L = 2a + \frac{\pi}{2}(d_1 + d_2) + \frac{(d_2 - d_1)^2}{4a}$$

$$= 2 \times 480 + \frac{\pi}{2}(80 + 200) + \frac{(200 - 80)^2}{4 \times 480} = 1407.1(\text{mm})$$

计算结果取整为 1407mm，再留取适当的接头量，截取平带的长度并连接后换上。

1.2　V 带传动

思考

在如图 1-6 所示的手扶拖拉机带传动机构中，采用 V 带传动将电动机的运动传递到主轴箱，通过箱内的传动系统实现主轴的旋转运动。实际生活中，V 带传动比平带传动应用更广泛，为什么呢？V 带传动有哪些特点呢？

图 1-6　手扶拖拉机带传动机构

1.2.1　V 带传动概述

V 带传动一般是由一条或数条 V 带和 V 带轮组成的摩擦传动。图 1-6 所示的手扶拖拉机的带传动机构是由三根 V 带组成的。与平带传动相比较，V 带传动具有传动平稳、噪声低、传动中不易产生振动、传递功率大等优点。

一般来说，V 带传动主要用于传递功率小于等于 100kW，带速为 5～25m/s，要求传动平稳但传动比不严格的机械中。

1. 普通 V 带的结构、标准

V 带制成没有接头的环形带，横截面为等腰梯形，工作面是两侧面，其横截面结构如图 1-7 所示，分别由包布、顶胶、抗拉体和底胶四部分组成。抗拉体是 V 带的主要承力层，按抗拉体的材质不同，V 带的结构分为帘布芯结构和绳芯结构两种。帘布芯结构制造方便，抗拉强度高，价格低廉，应用广泛；绳芯结构柔韧性好，抗拉强度低，适用于转速较高的场合。

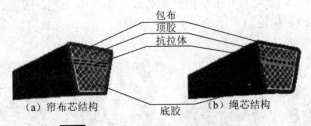

（a）帘布芯结构　　　　　底胶　　　（b）绳芯结构

图 1-7　V 带横截面的结构

V 带有多种类型，常用的有普通 V 带、窄 V 带、宽 V 带等，它们的楔角（V 带两侧边的夹角 α）均为 $40°$。其中普通 V 带应用最广泛。对于楔角为 $40°$，相对高度（h/b_p）为 0.7 的 V 带称为普通 V 带，其横截面尺寸如图 1-8 所示。

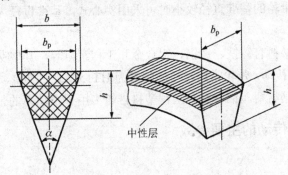

中性层

图 1-8　普通 V 带横截面尺寸

图 1-8 中，顶宽 b 为 V 带横截面中梯形轮廓的最大宽度；节宽 b_p 为 V 带绕带轮弯曲时，其长度和宽度均保持不变的面层称为中性层，中性层的宽度称为节宽；高度 h 为梯形轮廓的高度；相对高度 h/b_p 为带的高度与其节宽之比。

普通 V 带已经标准化，按横截面尺寸由小到大分为 Y、Z、A、B、C、D、E 7 种型号，其横截面尺寸如表 1-5 所示。在相同条件下，横截面尺寸越大，能够传递的功率越大。

表 1-5　普通 V 带的横截面尺寸　　　　　　　　　　单位：mm

普通 V 带型号 横截面尺寸	Y	Z	A	B	C	D	E
顶宽 b	6.0	10.0	13.0	17.0	22.0	32.0	38.0
节宽 b_p	5.3	8.5	11.0	14.0	19.0	27.0	32.0
高度 h	4.0	6.0	8.0	11.0	14.0	19.0	23.0
楔角 α	40°						

2. V 带轮

如图 1-9 所示，V 带轮的常用结构有实心式 ［图 1-9（a）］、腹板式 ［图 1-9（b）］、孔板式 ［图 1-9（c）］ 和轮辐式 ［图 1-9（d）］ 4 种。

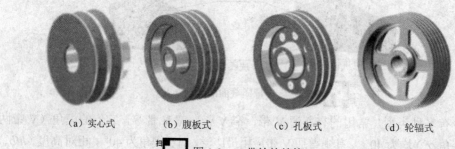

　　（a）实心式　　　　　（b）腹板式　　　　　（c）孔板式　　　　　（d）轮辐式

图 1-9　V 带轮的结构

一般而言，V 带轮的基准直径较小时可采用实心式，基准直径大于 300mm 时可采用轮辐式。

V 带轮常用的材料有铸铁、铸钢、铝合金和工程塑料等，其中灰铸铁应用最广泛。带速 $v \leqslant 30$m/s 的带传动，带轮常用材料的牌号为 HT150 或 HT200。带速更高或特别重要的场合可采用铸钢材料。铝合金和工程塑料带轮多用于小功率的带传动。

1.2.2　普通 V 带传动的主要参数

1. V 带型号

选择 V 带的型号时，主要根据设计功率 P_d 和小带轮转速 n_1，由普通 V 带选型图（图 1-10）确定。

$$P_d = K_A P$$

式中，P_d——设计功率（kW）；

　　　K_A——工况系数，如表 1-6 所示；

　　　P——传递功率（kW）。

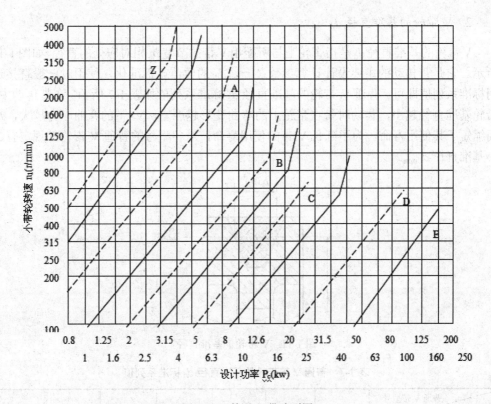

图 1-10 普通 V 带选型图

表 1-6 工况系数 K_A

工况		K_A					
		空、轻载启动			重载启动		
		每天工作小时数/h					
		<10	10~16	>16	<10	10~16	>16
载荷变动最小	液体搅拌机、通风机和鼓风机（≤7.5kW）、离心式水泵和压缩机、轻型输送机	1.0	1.1	1.2	1.1	1.2	1.3
载荷变动小	带式输送机（不均匀载荷）、通风机（>7.5kW）、旋转式水泵和压缩机（非离心式）、发电机、金属切削机床、印刷机、旋转筛、锯木机和木工机械	1.1	1.2	1.3	1.2	1.3	1.4
载荷变动较大	制砖机、斗式提升机、往复式水泵和压缩机、起重机、磨粉机、冲剪机床、橡胶机械、振动筛、纺织机械、重载输送机	1.2	1.3	1.4	1.4	1.5	1.6
载荷变动很大	破碎机（旋转式、颚式等）、磨碎机（球磨、棒磨、管磨）	1.3	1.4	1.5	1.5	1.6	1.8

注：1. 空、轻载启动——电动机（交流启动、三角启动、直流并励），四缸以上的内燃机，装有离心式离合器、液力联轴器的动力机。

2. 重载启动——电动机（联机交流启动、直流复励或串励），四缸以下的内燃机。

2. V带轮的基准直径 d_d

V带轮的基准直径 d_d 是指带轮上与所配用V带的节宽 b_p 相对应处的直径,如图1-11所示。它是带传动的主要设计计算参数之一, d_d 的数值已标准化,使用时一般直接选用标准系列值即可。普通V带轮的基准直径 d_d 标准系列值如表1-7所示。在带传动中,带轮基准直径越小,传动时带在带轮上的弯曲变形越严重,V带的弯曲应力越大,从而缩短了其使用寿命。为了延长V带的使用寿命,对各型号的普通V带轮都规定有最小基准直径 d_{dmin}。

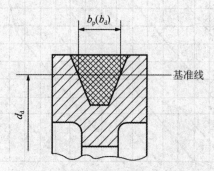

图1-11　V带轮的基准直径

表1-7　普通V带带轮的基准直径 d_d 标准系列值

普通V带型号 V带轮基准直径	Y	Z	A	B	C	D	E
d_{dmin}	20	50	75	125	200	355	500
d_d 的范围	20～125	50～630	75～800	125～1120	200～2000	355～2000	500～2500
d_d 的标准 系列值	20, 22.4, 25, 28, 31.5, 35.5, 40, 45, 50, 56, 63, 71, 75, 80, 85, 90, 95, 100, 106, 112, 118, 125, 132, 140, 150, 160, 170, 180, 200, 212, 224, 236, 250, 265, 280, 300, 315, 335, 355, 375, 400, 425, 450, 475, 500, 530, 560, 600, 630, 670, 710, 750, 800, 900, 1000, 1060, 1120, 1250, 1400, 1500, 1600, 1800, 1900, 2000, 2240, 2500						

这里指出,在基准宽度制下(基准宽度制是以基准线的位置和基准宽度 b_d 作为带轮与带标准化的基本尺寸,如图1-11所示),普通V带采用基准宽度制。V带轮的基准宽度 b_d 标准系列值,如表1-8所示。

表1-8　普通V带(基准宽度制)基准宽度 b_d 标准系列值

项目	符号	普通V带型号						
		Y	Z	A	B	C	D	E
基准宽度	b_d	5.3	8.5	11.0	14.0	19.0	27.0	52.0

3. 传动比 i_{12}

根据带传动的传动比计算公式,对于V带传动,如果不考虑带与带轮间打滑因素的影响，其传动比计算公式可用大、小带轮的基准直径来表示。

$$i_{12} = \frac{n_1}{n_2} = \frac{d_{d2}}{d_{d1}}$$

式中，n_1——小带轮转速（r/min）；

n_2——大带轮转速（r/min）；

d_{d1}——小带轮的基准直径（mm）；

d_{d2}——大带轮的基准直径（mm）。

V 带传动的传动比 $i_{12} \leqslant 7$，常用 2～5。

4. 基准长度 L_d

普通 V 带是一种无接头的环形带，其长度和宽度均保持不变的纤维层，称为中性层（图 1-8）。沿 V 带中性层测量所得的带的周长称为基准长度 L_d，又称为公称长度，主要用于带传动的几何尺寸计算。普通 V 带的基准长度，如表 1-9 所示。

表 1-9　普通 V 带基准长度（GB/T 13575.1—2008）

基准长度 L_d/mm	普通 V 带型号		基准长度 L_d/mm	普通 V 带型号		
280			900			
315			1000			
355	Y		1120			
400			1250			
450			1400			
500			1600			
560			1800			
630			2000			
710			2240	B		
800	Z		2500			
900			2800			
1000			3150			
1120			3550			
1250			4000			
1400		A	4500	C		
1600			5000			
1800			5600		D	
2000			6300			
2240			7100			E
2500			8000			
2800			9000			
3150			10000			
3550			11200			

普通 V 带的基准长度按设计（或按机械传动需要初定）中心距 a_0 进行计算，其计算公式为

$$L_{d0} = 2a_0 + \frac{\pi}{2}(d_{d1} + d_{d2}) + \frac{(d_{d2} - d_{d1})^2}{4a_0}$$

式中，L_{d0}——计算的 V 带的基准长度（mm）；

d_{d1}——小带轮的基准直径（mm）；

d_{d2}——大带轮的基准直径（mm）；

a_0——设计或初定的中心距，或者在 $0.7(d_{d1} + d_{d2}) \leqslant a_0 \leqslant 2(d_{d1} + d_{d2})$ 范围内选取（mm）。

计算基准长度 L_{d0} 确定后，按表 1-9 所列的规定值确定普通 V 带的基准长度 L_d。

普通 V 带的标记，由型号、基准长度和标准编号三部分组成。例如，A1400 GB/T 11544—1997 表示：A 型 V 带，基准长度为 1400mm。

5. 中心距 a

中心距是两带轮传动中心之间的距离。两带轮中心距增大，带传动能力提高；但中心距过大，会使整个传动尺寸不够紧凑，在高速时易使带发生抖动，反而使带传动能力下降。因此，设计时可按下式初选中心距 a_0。

$$0.7(d_{d1} + d_{d2}) \leqslant a_0 \leqslant 2(d_{d1} + d_{d2})$$

V 带传动的实际中心距 a 可按下式计算：

$$a \approx a_0 + \frac{L_d - L_{d0}}{2}$$

考虑安装、调整和补偿张紧力的需要，中心距应有一定的调节范围，即

$$a_{\min} = a - (2b_d + 0.009L_d), \quad a_{\max} = a + 0.02L_d$$

6. 带速 v

带速 v 一般取 5～25m/s。带速 v 过高或过低都不利于带的传动。带速太低，摩擦力不够，会引起打滑；带速太高，离心力又会使带与带轮间的压紧程度减小，传动能力降低。

带速 v 的计算公式为

$$v = \frac{\pi d_{d1} n_1}{60 \times 1000}$$

式中，v——带速（m/s）；

d_{d1}——小带轮的基准直径（mm）；

n_1——小带轮的转速（r/min）。

7. 小带轮的包角 α_1

小带轮包角 α_1 的计算公式为

$$\alpha_1 \approx 180° - \frac{(d_{d2} - d_{d1})}{a} \times 57.3°$$

式中，d_{d1}——小带轮的基准直径（mm）；

   d_{d2}——大带轮的基准直径（mm）；

   a——带传动的实际中心距（mm）。

两带轮中心距越大，小带轮包角 α_1 越大，带与带轮接触弧也越长，带能传递的功率就越大；反之，带能传递的功率就越小。为了使带传动可靠，一般要求小带轮的包角 $\alpha_1 \geqslant 120°$。

8. V 带的根数 Z

V 带的根数影响带的传动能力。根数多，能够传递的功率大，所以 V 带传动中所需带的根数应按具体传递功率大小而定。但是，为了使各根带受力比较均匀，带的根数不宜过多，通常带的根数 Z 应小于 7。

【例 1-2】 在 CA6140 型普通车床带传动机构中，已知电动机额定功率 P=7kW，电动机小带轮直径 d_{d1}=112mm，其转速 n_1=1450r/min，大带轮转速（主轴箱输入轴）n_2=600r/min，设计中心距 a_0=800mm，每天三班工作（＞16h），开口传动。试合理选择普通 V 带的参数。

解 普通 V 带传动的选用步骤及计算如表 1-10 所示。

表 1-10 普通 V 带传动的选用步骤及计算

顺序	计算项目	计算结果	计算根据
1	确定设计功率 P_d: （1）查得 K_A=1.3 （2）$P_d = K_A P = 1.3 \times 7 = 9.1$（kW）	P_d=9.1kW	表 1-6
2	选择带型： （1）已知 P_d=9.1kW，n_1=1450r/min （2）根据普通 V 带选型图选择 A 型带	A 型带	图 1-10
3	确定普通 V 带轮基准直径： （1）已知 d_{d1}=112mm，转速 n_1=1450r/min，n_2=600r/min （2）$d_{d2} = i_{12} d_{d1} = \dfrac{n_1}{n_2} d_{d1} = \dfrac{1450}{600} \times 112 = 271$（mm） 查表取标准系列值 d_{d2}=280mm	d_{d1}=112mm d_{d2}=280mm	表 1-7
4	验算带速： $v = \dfrac{\pi d_{d1} n_1}{60 \times 1000} = \dfrac{3.14 \times 112 \times 1450}{60 \times 1000} = 8.499$（m/s） 5m/s < v < 25m/s	v=8.499m/s 合格	

续表

顺序	计算项目	计算结果	计算根据
5	确定带的基准长度 L_d： （1）按要求取 $a_0=800$mm （2）$L_{d0}=2a_0+\dfrac{\pi}{2}(d_{d1}+d_{d2})+\dfrac{(d_{d2}-d_{d1})^2}{4a_0}$ $=2\times800+\dfrac{3.14\times(112+280)}{2}+\dfrac{(280-112)^2}{4\times800}$ $=2224.26(\text{mm})$ 根据此基准长度的计算值 L_{d0}，查表选定带的基准长度 $L_d=2240$mm	$L_{d0}=2224.26$mm $L_d=2240$mm	表 1-9
6	计算实际中心距及调节范围： $a=a_0+\dfrac{L_d-L_{d0}}{2}=800+\dfrac{2240-2224.26}{2}=807.87(\text{mm})$ $a_{min}=a-(2b_d+0.09L_d)=807.87-(22+0.09\times2240)=765.71(\text{mm})$ $a_{max}=a+0.02L_d=807.87+0.02\times2240=852.67(\text{mm})$	$a=807.87$mm $a_{min}=775.71$mm $a_{max}=852.67$mm	
7	验算小带轮包角： $\alpha_1\approx180°-\dfrac{(d_{d2}-d_{d1})}{a}\times57.3°=180°-\dfrac{(280-112)}{807.87}\times57.3°=168°$	$\alpha_1>120°$ 合格	
8	确定 V 带根数： 因确定 V 带根数计算公式的内容偏难，本教材不做要求。直接给出结果，通过计算后确定 $Z=6$ 根	$Z=6$ 根	
9	选用 A2240 的 V 带 6 根，中心距 $a=807.87$mm，小带轮直径 $d_{d1}=112$mm，大带轮直径 $d_{d2}=280$mm		

由表 1-10 计算结果看出，选 A 型带根数较多，故按上述计算方法可重新选择 B 型带，A 型带和 B 型带计算结果比较如表 1-11 所示。

表 1-11　A 型带和 B 型带计算结果比较

型号	d_{d1}（mm）	d_{d2}（mm）	v（m·s⁻¹）	L_d（mm）	a（mm）	α_1（°）	Z（根）
A 型带	112	280	8.499	2240	807.87	168	6
B 型带	140	400	10.62	2500	839.08	162	3

通过表 1-11 比较两结果，选择 B 型带更合理一些。

1.3　V 带传动的安装、维护及同步带传动简介

？思考

1.2 节介绍了 V 带传动的参数及其选用，在实际工作中，要怎样才能保证 V 带传动正常工作，并能延长带的使用寿命，更好地发挥其作用呢？

1.3.1 V带传动的安装、维护及张紧

1. V带传动的安装与维护

（1）带的型号和基准长度不要搞错，以保证 V 带在轮槽中的正确位置。V 带在轮槽中应有正确的安装位置，如图 1-12 所示。V 带顶面应与带轮外缘表面平齐或略高出一些，底面与槽底间应有一定间隙，以保证 V 带和轮槽的工作面之间可充分接触。如果高出轮槽顶面过多，则工作面的实际接触面积减小，使传动能力降低；如果低于轮槽顶面过多，会使 V 带底面与轮槽底面接触，从而导致 V 带传动因两侧工作面接触不良而使摩擦力锐减，甚至丧失。

（a）正确　　　　　　（b）错误　　　　　　（c）错误

图 1-12　V 带在轮槽中的安装位置

（2）安装 V 带时，应缩小中心距后将带套入，再慢慢调整中心距使带达到合适的张紧程度，用大拇指能将带按下 15mm 左右，则张紧程度合适，如图 1-13 所示。

（3）安装 V 带轮时，两带轮的轴线应相互平行，两带轮轮槽的对称平面应重合，其偏角误差应小于 20′，如图 1-14 所示。

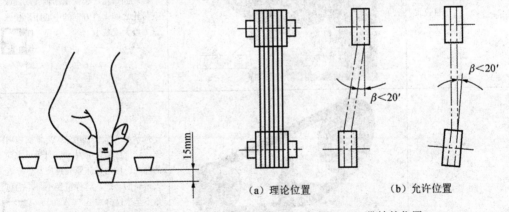

图 1-13　带的张紧程度　　　　　图 1-14　带轮的位置

（4）要定期检查并及时调整。如果发现有不宜继续使用的 V 带，应及时更换。更换时应成组更换，以使每根带受力均匀。

（5）使用中应加防护罩，避免带与酸、碱、油等有腐蚀作用的物质接触，避免日晒，防止过早老化。

2. V带传动的张紧

V带传动过程中张紧力要适当。张紧力过小，不能传递所需要的功率；张紧力太大，则带、轴和轴承都容易磨损，并且会降低传动的平稳性。在安装新带或调整时，最初的张紧力可为正常张紧力的 1.3 倍，以保证传递所要求的功率。

传动带工作一段时间后会产生永久性变形，从而使张紧力减小。因此，需要调整两带轮的中心距或使用张紧轮对带进行张紧力的调整，具体方法如表 1-12 所示。

表 1-12   V 带传动张紧力的调整方法

张紧方法		图例	调整方法
改变 中心距	水平位置	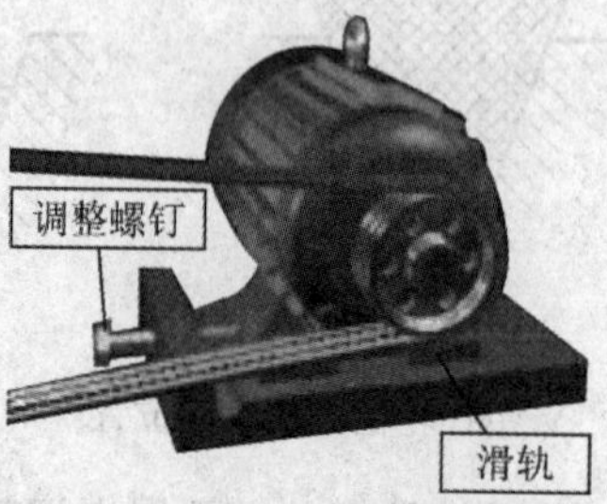 调整螺钉　滑轨	通过旋转调整螺钉，使电动机连同带轮一起做水平方向移动，从而改变两带轮之间水平方向的中心距，使张紧力增大或减小
	垂直位置	 摆动轴　调整螺母	通过旋转装置中的调整螺母，使电动机连同带轮一起绕摆动轴转动，改变带轮之间垂直方向的中心距，使张紧力增大或减小
使用张紧轮			张紧轮安装位置应在 V 带松边内侧，这样可使 V 带传动时只受单方向的弯曲。同时，张紧轮还应尽量靠近大带轮的一边，这样可使小带轮的包角不至于过分减小

思考

摩擦型带传动由于自身显著的优点，因此在传动领域中被广泛使用，但其传动比不准确、效率低、传动功率小等缺点也限制了我们的选择范围。如何克服摩擦型带传动的这些缺点呢？

1.3.2 同步带传动简介

1. 同步带传动原理

同步带传动是通过带齿与轮齿的啮合传递运动和动力的，如图 1-15 所示。

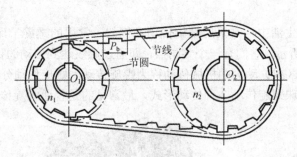

图 1-15 同步带传动

2. 同步带传动的特点及应用

（1）与摩擦型带传动相比，同步带传动兼有带传动、链传动的一些特点。同步带传动具有传动比准确、效率高（可达 98%）、传动平稳、噪声低、使用寿命长、允许的带速高（可达 50～80m/s）、结构紧凑等优点。其主要缺点是制造和安装精度要求高，价格也较高。

（2）同步带传动适用于中、小功率且要求传动比准确的场合。广泛应用于计算机、汽车、数控机床等机械中，如图 1-16 所示。

（a）汽车发动机

（b）针式打印机

图 1-16 同步带传动的应用

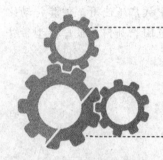

第2章 螺旋传动

在实际生产、生活中，常采用螺旋传动。例如，常用的螺旋千斤顶、台虎钳及顶拔器等，如图 2-1 所示。它们有一个共同点，即通过螺纹达到传动的目的。这种利用螺旋副来传递运动和（或）动力的机械传动称为螺旋传动。螺旋传动分为普通螺旋传动、差动螺旋传动和滚珠螺旋传动 3 种传动形式，最常见的是普通螺旋传动。

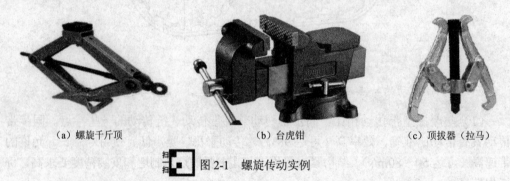

（a）螺旋千斤顶　　　　　　　　（b）台虎钳　　　　　　　（c）顶拔器（拉马）

图 2-1　螺旋传动实例

本章主要介绍螺纹的种类、主要参数，螺旋传动的应用形式及特点。

2.1　螺纹概述

？思考

观察图 2-2 所示的普通车床丝杠螺母构成的螺旋传动，转动手柄，拖板连同刀架沿导轨移动。显然，这是由螺纹构成的螺旋传动。那么，什么是螺纹？螺纹有哪些种类？如何选用呢？

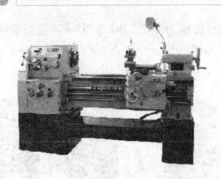

图 2-2　普通车床螺旋传动

2.1.1　螺纹的分类及应用

　　螺纹是指在圆柱表面或圆锥表面上，沿着螺旋线所形成的具有相同断面的连续凸起和沟槽，如图 2-3 所示。在圆柱或圆锥外表面上所形成的螺纹称为外螺纹，在圆柱或圆锥内表面上所形成的螺纹称为内螺纹。

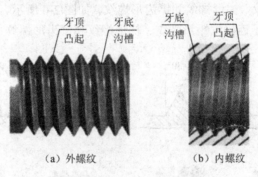

（a）外螺纹　　　　　　　（b）内螺纹

图 2-3　螺纹

　　按螺旋线旋绕方向不同，螺纹可分为右旋螺纹和左旋螺纹，其中，右旋螺纹较为常用。螺纹旋向的判别方法是：将螺纹轴线竖直放置，伸开右手，手掌心对着自己，四指与螺纹轴线一致，其可见侧螺纹牙由左向右上升而与大拇指指向一致时为右旋螺纹，反之为左旋螺纹，如图 2-4 所示。

（a）左旋螺纹　　　　　　　　　　　　（b）右旋螺纹

图 2-4　螺纹旋向判别方法

形成螺纹的螺旋线的数目称为线数，用 n 表示。按线数螺纹分为单线螺纹（沿一条螺旋线形成的螺纹）和多线螺纹（沿两条或两条以上在轴向等距分布的螺旋线形成的螺纹），如图 2-5 所示。图中 P_h 为导程，P 为螺距。

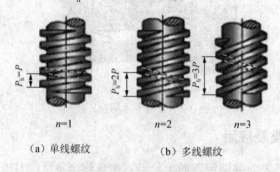

（a）单线螺纹　　　　　（b）多线螺纹

图 2-5　螺纹线数

螺纹的牙型是指通过轴线平面上的螺纹轮廓的形状。根据牙型的不同螺纹可分为矩形螺纹、三角形螺纹、梯形螺纹和锯齿形螺纹，如图 2-6 所示。三角形螺纹又有粗牙和细牙之分，主要用于连接；矩形螺纹、梯形螺纹和锯齿形螺纹主要用于传动。

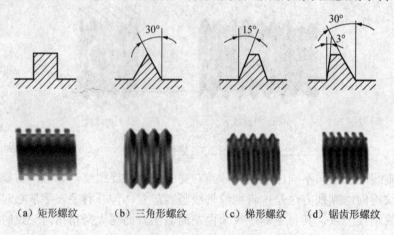

（a）矩形螺纹　　（b）三角形螺纹　　（c）梯形螺纹　　（d）锯齿形螺纹

图 2-6　螺纹的牙型

？思考

螺纹的种类繁多，为能更好地选择和使用螺纹构件，需要熟悉螺纹的参数。螺纹不同，其参数也不同。那么，普通螺纹有哪些参数呢？

2.1.2　螺纹的主要参数

下面以普通螺纹为例说明螺纹的主要参数，如表 2-1 所示。

表 2-1　普通螺纹的主要参数

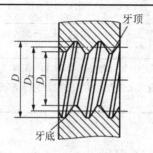

（a）内螺纹

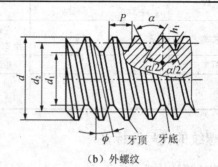

（b）外螺纹

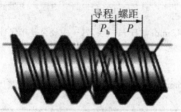

（c）螺旋线展开

（d）单线螺纹

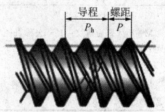

（e）双线螺纹

导程 P_h、螺距 P 和线数 n 的关系：$P_h = n \cdot P$

主要参数	代号		定义
	内螺纹	外螺纹	
螺纹大径 （公称直径）	D	d	与外螺纹牙顶或内螺纹牙底相重合的假想圆柱或圆锥的直径，国标规定螺纹大径的基本尺寸为螺纹的公称直径
螺纹中径	D_2	d_2	一个假想圆柱或圆锥的直径，该圆柱或圆锥的母线通过牙型上沟槽和凸起宽度相等的地方
螺纹小径	D_1	d_1	与外螺纹牙底或内螺纹牙顶相重合的假想圆柱或圆锥的直径
螺纹升角		ϕ	在中径圆柱上，螺旋线的切线与垂直于螺纹轴线的平面之间的夹角
牙型角		α	在螺纹牙型上，相邻两牙侧间的夹角称为牙型角。普通螺纹的牙型角 $\alpha = 60°$，牙型半角是牙型角的一半，用 $\alpha/2$ 表示

续表

主要参数	代号		定义
	内螺纹	外螺纹	
牙型高度		h_1	在螺纹牙型上，牙顶到牙底在垂直于螺纹轴线方向上的距离
螺距		P	相邻两牙在中径线上对应两点间的轴向距离
导程		P_h	同一条螺旋线上的相邻两牙在中径线上对应两点间的轴向距离

2.1.3 螺纹的代号及标注

1. 普通螺纹的代号及标注

螺纹标记包括螺纹特征代号、尺寸代号、公差代号和旋合长度代号。

普通螺纹的特征代号用"M"表示，其代号标注及说明如表 2-2 所示。

表 2-2 普通螺纹的代号标注及说明

标注方法	螺纹特征代号，公称直径×螺距、旋向，中径公差带代号、大径公差带代号，旋合长度
标注说明	（1）粗牙螺纹不标注螺距，细牙螺纹标注螺距。 （2）右旋螺纹不标注旋向代号，左旋螺纹标注旋向 LH。 （3）公差带代号中，前者为中径公差带代号，后者为大径公差带代号，两者一致时，则只标注一个公差带代号。内螺纹用大写字母表示，外螺纹用小写字母表示。螺纹尺寸代号与公差带用"–"分开。 （4）旋合长度有长旋合长度 L、中等旋合长度 N（不标注）和短旋合长度 S 3 种
标注示例	（1）M12LH–7g–L。 M—粗牙普通螺纹；12—公称直径为 12mm；LH—左旋；7g—中径公差带代号、大径公差带代号；L—长旋合长度。 （2）M16×1–6H7H。 M—细牙普通螺纹；16—公称直径为 16mm；1—螺距为 1mm；6H—中径公差带代号；7H—大径公差带代号

2. 梯形螺纹代号及标注

梯形螺纹的特征代号用"Tr"表示，其代号标注及说明如表 2-3 所示。

表 2-3 梯形螺纹的代号标注及说明

标注方法	螺纹特征代号，公称直径×导程（螺距）、旋向，中径公差带代号，旋合长度
标注说明	（1）单线螺纹只标注螺距，多线螺纹同时标注螺距和导程。 （2）右旋螺纹不标注旋向代号，左旋螺纹标注旋向 LH。 （3）在公差带代号中，只标注中径公差带代号，内螺纹用大写字母表示，外螺纹用小写字母表示。 （4）旋合长度有长旋合长度 L 和中等旋合长度 N 两种，中等旋合长度 N 不标注。 （5）在内、外螺纹配合的公差带代号中，前者为内螺纹公差带代号，后者为外螺纹公差带代号，中间用"/"隔开

标注示例	（1）Tr 24×10（P5）LH-7H。 Tr—梯形螺纹；24—公称直径为24mm；10（P5）—导程为10mm，螺距为5mm，双线螺纹； LH—左旋；7H—中径公差带代号。 （2）Tr 24×5LH-7H/7e。 Tr—梯形螺纹；24—公称直径为24mm；5—螺距为5mm；LH—左旋；7H—内螺纹中径公差带代号；7e—外螺纹中径公差带代号

3. 管螺纹代号及标注

管螺纹有非螺纹密封的管螺纹和螺纹密封的管螺纹两种。非螺纹密封的管螺纹的特征代号为"G"，螺纹密封的管螺纹的特征代号有3种：圆锥外螺纹用"R"表示；圆锥内螺纹用"Rc"表示；圆柱内螺纹用"Rp"表示。管螺纹的代号标注如表2-4所示。

表2-4 管螺纹的代号标注

非螺纹密封的管螺纹代号及标注	
标注方法	特征代号，尺寸代号（A或B）-旋向
标注示例	G1A-H。 G—表示非螺纹密封的管螺纹；1—尺寸代号；A—外管螺纹的公差等级A级；LH—左旋
螺纹密封的管螺纹代号及标注	
标注方法	特征代号、尺寸代号-旋向
标注说明	（1）管螺纹的尺寸代号不再称为公称直径，也不是螺纹本身的任何直径尺寸，只是一个无单位的代号。 （2）管螺纹为英制细牙螺纹，其公称直径近似为管子的内孔直径，以英寸（in）为单位。管螺纹的内孔直径可根据尺寸代号在有关标准中查到。 （3）右旋螺纹不标注旋向代号，左旋螺纹标注旋向LH。 （4）非螺纹密封的管螺纹的外螺纹的公差等级有A和B两级，A级精度较高；内螺纹的公差等级只有一个，故无公差等级代号。 （5）内外螺纹配合在一起时，内外螺纹的标注用"/"隔开，前者为内螺纹的标注，后者为外螺纹的标注
标注示例	（1）圆锥外螺纹：R2-LH。 R—圆锥外螺纹；2—尺寸代号；LH—左旋。 （2）圆锥内螺纹：Rc2-LH。 Rc—圆锥内螺纹；2—尺寸代号；LH—左旋。 （3）圆柱内螺纹：Rp2。 Rp—圆柱内螺纹；2—尺寸代号

2.2 普通螺旋传动

？思考

图2-7所示为CA6140型车床的横向进给机构，螺母与丝杆以左旋螺纹配合并与刀架连接，转动手柄，丝杆回转，螺母做直线运动，从而在切削工件时实现进刀或退刀。该机构采用了普通螺旋传动。那么，普通螺旋传动有哪些应用形式？

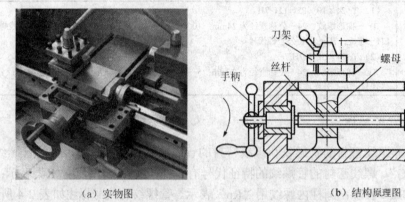

（a）实物图   （b）结构原理图

图 2-7　CA6140 型车床的横向进给机构

2.2.1　普通螺旋传动的应用形式

普通螺旋传动的应用形式如表 2-5 所示。

表 2-5　普通螺旋传动的应用形式

应用形式	应用实例	工作过程
螺母固定不动，螺杆回转并做直线运动	台虎钳	当螺杆按图示方向相对螺母做回转运动时，螺杆连同活动钳口向右做直线运动，与固定钳口一起实现对工件的夹紧，当螺杆反向回转时，活动钳口随螺母左移，松开工件
螺杆固定不动，螺母回转并做直线运动	螺旋千斤顶	螺杆连接于底座上固定不动，转动手柄使螺母回转，并做上升或下降的直线运动，从而举起或放下托盘

续表

应用形式	应用实例	工作过程
螺杆原位回转，螺母做直线运动	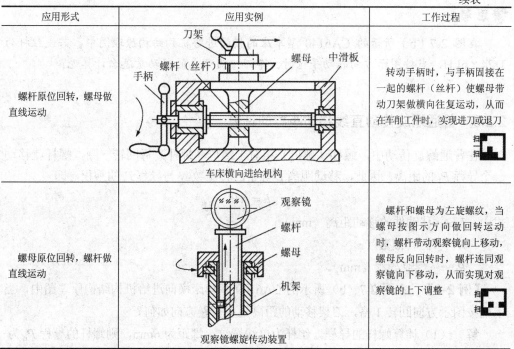 车床横向进给机构	转动手柄时，与手柄固接在一起的螺杆（丝杆）使螺母带动刀架做横向往复运动，从而在车削工件时，实现进刀或退刀
螺母原位回转，螺杆做直线运动	观察镜螺旋传动装置	螺杆和螺母为左旋螺纹，当螺母按图示方向做回转运动时，螺杆带动观察镜向上移动，螺母反向回转时，螺杆连同观察镜向下移动，从而实现对观察镜的上下调整

2.2.2 普通螺旋传动直线移动方向的判定

普通螺旋传动螺杆（螺母）移动方向的判定如表 2-6 所示。

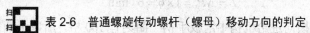 表2-6 普通螺旋传动螺杆（螺母）移动方向的判定

应用形式	应用实例	判定方法
螺母（螺杆）不动，螺杆（螺母）回转并做直线移动	台虎钳	右旋螺纹用右手，左旋螺纹用左手。手握空拳，四指指向与螺杆（螺母）回转方向相同，拇指伸直代表螺杆（螺母）的轴线，则拇指指向为主动件螺杆（螺母）的移动方向
螺杆（螺母）原位回转，螺母（螺杆）做直线移动	车床床鞍	右旋螺纹用右手，左旋螺纹用左手。手握空拳，四指指向与螺杆（螺母）回转方向相同，拇指伸直代表螺杆（螺母）的轴线，则拇指所指的相反方向为主动件螺母（螺杆）的移动方向

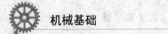

在图 2-7（b）所示的 CA6140 型车床的横向进给机构结构原理图中，若设丝杆为 Tr24×6LH，当按图示方向转动手轮时，车刀（刀架）的移动量怎么计算呢？

2.2.3 普通螺旋传动直线移动距离的计算

在普通螺旋传动中，螺杆（螺母）相对于螺母（螺杆）每回转一圈，螺杆就移动一个导程 P_h 的距离。因此，移动距离 L 等于回转圈数 N 与导程 P_h 的乘积，即

$$L = NP_h$$

式中，L——移动件的移动距离（mm）；

N——回转圈数（r）；

P_h——螺纹导程（mm）。

【例 2-1】 在图 2-7（b）所示的 CA6140 型车床横向进给机构结构原理图中，当手柄按图示方向回转 1 格，刀架移动的距离是多少？方向如何？

解 （1）计算螺杆的导程。丝杆为单线螺纹，螺距为 6mm，则螺杆的导程 P_h 为

$$P_h = nP = 1 \times 6 = 6 (\text{mm})$$

（2）确定螺母（刀架）的直线移动距离。螺杆回转 1 圈，螺母（刀架）移动的距离 L 为

$$L = NP_h = 1 \times 6 = 6 (\text{mm})$$

CA6140 型车床横向进给机构中滑板手柄一圈刻有 100 格，所以手柄每转 1 格，螺母（刀架）的移动距离为

$$L_{刀架} = \frac{N}{100} P_h = \frac{1}{100} \times 6 = 0.06 (\text{mm})$$

当手柄按图示方向回转 1 格时，刀架向右移动 0.06mm。

2.2.4 普通螺旋传动直线移动速度的计算

在普通螺旋传动中，螺杆（螺母）相对于螺母（螺杆）的转速为 n 时，螺杆（螺母）的移动速度为转速 n 与其导程 P_h 的乘积，即

$$v = nP_h$$

式中，v——移动件的运动速度（mm/min）；

n——转速（r/mim）；

P_h——螺纹导程（mm）。

2.3 差动螺旋传动与滚珠螺旋传动

？思考

采用螺旋传动能否实现微量移动呢？从加工工艺来看，采用普通螺旋传动加工螺距很小的螺纹非常困难，甚至无法加工，但采用差动螺旋传动可以解决这一问题。差动螺旋传动与普通螺旋传动相比，在结构上有什么差别？

2.3.1 差动螺旋传动

1. 差动螺旋传动原理

由两个螺旋副组成的使活动螺母与螺杆产生差动（不一致）运动的螺旋传动称为差动螺旋传动，其原理如图 2-8 所示。

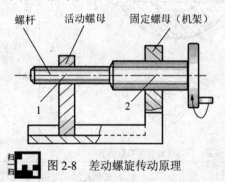

图 2-8　差动螺旋传动原理

设固定螺母和活动螺母的旋向同为右旋，当按图 2-8 所示的方向回转螺杆时，螺杆相对于固定螺母向左移动，而活动螺母相对于螺杆向右移动，这样活动螺母相对于机架实现差动移动，螺杆每转一圈，活动螺母实际移动距离为两段螺纹导程之差。如果固定螺母的螺纹旋向仍为右旋，活动螺母的螺纹旋向为左旋，则按图 2-8 所示回转螺杆时，螺杆相对于固定螺母左移动，活动螺母也相对于螺杆左移动，螺杆每转一圈，活动螺母实际移动距离为两段螺纹导程之和。

差动螺旋传动中活动螺母的实际移动距离和方向，可用公式表示如下。

$$L = N(P_{h1} \pm P_{h2})$$

式中，L——活动螺母的实际移动距离（mm）；

　　　N——螺杆的回转圈数；

P_{h1}——固定螺母的导程（mm）；

P_{h2}——活动螺母的导程（mm）。

当螺杆上两段螺纹旋向相反时，公式中用"+"号；当螺杆上两段螺纹旋向相同时，公式中用"-"号。计算结果为正值时，活动螺母实际移动的方向与螺杆移动方向相同；计算结果为负值时，活动螺母实际移动的方向与螺杆移动方向相反。

2. 差动螺旋传动活动螺母移动距离的计算及方向的确定

差动螺旋传动活动螺母移动距离的计算及方向的确定如表 2-7 所示。

表 2-7　差动螺旋传动活动螺母移动距离的计算及方向的确定

传动形式	应用实例	活动螺母移动距离的计算和方向的确定
差动螺旋传动，螺杆上两段螺纹旋向相同	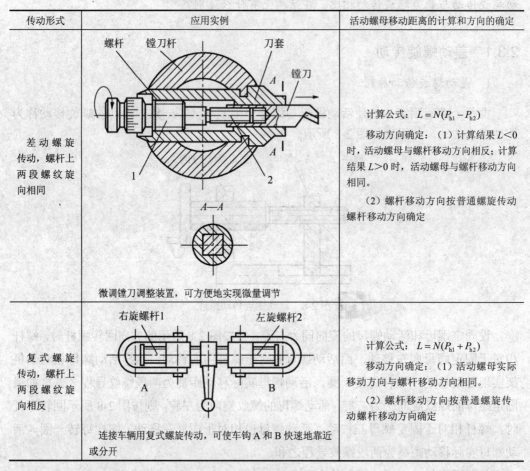微调镗刀调整装置，可方便地实现微量调节	计算公式：$L=N(P_{h1}-P_{h2})$ 移动方向确定：（1）计算结果 $L<0$ 时，活动螺母与螺杆移动方向相反；计算结果 $L>0$ 时，活动螺母与螺杆移动方向相同。 （2）螺杆移动方向按普通螺旋传动螺杆移动方向确定
复式螺旋传动，螺杆上两段螺纹旋向相反	连接车辆用复式螺旋传动，可使车钩 A 和 B 快速地靠近或分开	计算公式：$L=N(P_{h1}+P_{h2})$ 移动方向确定：（1）活动螺母实际移动方向与螺杆移动方向相同。 （2）螺杆移动方向按普通螺旋传动螺杆移动方向确定

【例 2-2】　根据表 2-7 中的微调镗刀结构，1、2 两段螺旋副均为单线右旋螺纹，其螺距分别为 $P_1=2mm$，$P_2=1.5mm$，试分析：

（1）螺杆回转 1 圈，镗刀移动的距离和移动方向如何确定？

（2）如果螺杆圆周共 50 格，螺杆每转过 1 格，镗刀的实际位移是多少？

（3）镗刀能否实现微调？

解 （1）首先区分固定螺母与活动螺母。因为刀套固定在镗杆上，矩形刀柄的镗刀在刀套中不能回转，只能移动，所以判断刀套是固定螺母，镗刀是活动螺母。

（2）判定螺杆的移动方向。1、2 两段螺旋副均为单线右旋螺纹，用右手判断，螺杆向右移动。

（3）计算镗刀的移动距离 L。因为两螺旋副旋向相同，且其均为单线螺纹，所以，$P_{h1}=P_1=2$mm，$P_{h2}=P_2=1.5$mm，螺杆回转了 1 圈，故：

$$L = N(P_{h1} - P_{h2}) = 1 \times (2 - 1.5) = 0.5 \text{（mm）}$$

（4）判定镗刀（活动螺母）的移动方向。因为计算结果 L 为正值，故镗刀的移动方向与螺杆的移动方向相同，即镗刀（活动螺母）向右移动了 0.5mm。

（5）计算镗刀的实际位移 L。螺杆每转过 1 格，镗刀的实际位移 L 为

$$L = \frac{1}{50}(P_{h1} - P_{h2}) = \frac{1}{50} \times (2 - 1.5) = 0.01 \text{（mm）}$$

螺杆每转过 1 格，该镗刀仅移动 0.01mm。显然，该镗刀能方便地实现微量移动，以调整镗孔的背吃刀量。

？思考

普通螺旋传动和差动螺旋传动都属于滑动螺旋传动，螺旋副间的摩擦大，效率低。为克服这一不足，在现代机械传动中，采用了滚珠螺旋传动，你了解滚珠螺旋传动吗？

2.3.2 滚珠螺旋传动

滚珠螺旋传动按滚珠循环方式不同，可分为内循环式和外循环式两种，滚珠螺旋传动的工作原理、特点及应用如表 2-8 所示。

表 2-8 滚珠螺旋传动的工作原理、特点及应用

项目	外循环式	内循环式
结构组成	循环装置 滚珠 螺杆 螺母	螺杆 螺母 反向器 滚珠
工作原理	在螺杆和螺母的螺纹滚道中，装有一定数量的滚珠（钢球），当螺杆与螺母做相对螺旋运动时，滚珠在螺纹滚道内滚动，并通过滚珠循环装置的通道构成封闭循环，实现螺杆与螺母间的滚动摩擦，从而提高传动效率和传动精度	

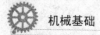

项目	外循环式	内循环式
特点	结构简单，易于制造，径向尺寸小，但刚度低，耐磨性较差，易磨损	滚珠个数少，循环回路短，流畅性好，摩擦损失小，效率高，结构紧凑，易于拆装，但反向器结构复杂
应用	 数控机床滚珠螺旋传动	

　　滚珠螺旋传动与一般螺旋传动机构的主要区别是滚珠螺旋传动在螺杆和螺母之间增加了滚动体（一般均为滚珠），使螺杆和螺母不直接接触，将原来接触表面间的滑动摩擦变为滚动摩擦。因此，滚珠螺旋传动具有摩擦损失小、效率高（90%以上）、磨损小、使用寿命长及传动精度高等优点。

第 3 章　链传动和齿轮传动

　　链传动是通过链条将具有特殊齿形的主动链轮的运动和动力传递到具有特殊齿形的从动链轮的一种机械传动，如图 3-1 所示。齿轮传动可实现空间任意两轴间的运动和动力的传递，如图 3-2 所示，它是现代机械中应用最广的机械传动形式之一。链传动和齿轮传动都属于啮合传动。

　　本章主要介绍链传动的类型、传动特点、传动链的种类及特点；齿轮传动的类型、参数规定、啮合条件和应用特点等。

图 3-1　输送机的链传动　　　　图 3-2　汽车变速箱的齿轮传动

3.1　链　传　动

思考

　　图 3-3 所示为输送机、自行车的链传动应用实例。它们都采用了链传动，实际生产和生活中采用链传动的机械很多。那么，为什么输送机、自行车采用链传动呢？链传动有什么特点呢？

（a）输送机　　　　　　　　（b）自行车

图 3-3　链传动应用实例

3.1.1 链传动概述

1. 链传动的组成及工作原理

链传动是由一个具有特殊齿形的主动链轮，通过链条与链轮轮齿的啮合带动另一个具有特殊齿形的从动链轮来传递运动和动力的传动装置。它是由分装在两平行轴上的主动链轮、从动链轮和绕于两链轮上的链条组成的，如图3-4所示。

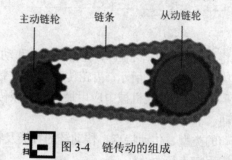

主动链轮　　　链条　　　从动链轮

图 3-4　链传动的组成

2. 链传动的应用特点

链传动与带传动相比具有以下特点。

（1）链传动为具有中间挠性件的啮合传动，中心距适用范围较大，无弹性滑动和打滑现象，能获得准确的平均传动比。

（2）张紧力小，故对轴的压力小。

（3）传动效率高，可达98%。

（4）能在低速、重载和高温、油污、潮湿等恶劣环境下工作。

（5）传动平稳性差，工作时有一定的冲击和噪声，无过载保护作用。

链传动适用于两平行轴间距较大的低速传动及工作条件恶劣的场合，广泛应用于矿山机械、冶金机械、农业机械、运输机械等领域。

3. 链传动的传动比

链传动的传动比是主动链轮的转速 n_1 与从动链轮的转速 n_2 的比值，也等于两链轮齿数 z_1 和 z_2 的反比，即

$$i_{12} = \frac{n_1}{n_2} = \frac{z_2}{z_1}$$

由上式可知转速与齿数成反比，可以通过链轮齿数的变化来控制链速。自行车采用主动链轮尺寸大（齿数多），从动链轮尺寸小（齿数少）的链传动，根据转速与齿数成反比，可以实现增速传动。

按上式求得的链速和传动比是平均值，链传动的瞬时传动比不恒定。通常链传动的传动比 $i_{12} \leqslant 8$。

3.1.2 常用链传动的类型及应用

常用链传动的类型及应用如表 3-1 所示。

表 3-1 常用链传动的类型及应用

类型	图示	应用
传动链		主要用于传递运动和动力，也可用于输送工件，用途比较广泛
输送链		用于输送工件、物品和物料，形式多样，多用于输送机中
起重链		用于传递力，起牵引、悬挂物品的作用，承载能力大，多用于手动葫芦

？思考

观察图 3-3 所示的输送机、自行车，它们采用的链条是滚子链。那你知道滚子链的结构有什么特点吗？当你更换自行车链条时，它是如何连接的？

在一般机械传动中，应用最广的是传动链。传动链主要有滚子链和齿形链两种类型。

1. 滚子链

滚子链又称为套筒滚子链，其分类、结构、特点、接头形式、主要参数和标记方法如表 3-2 所示。

表 3-2 滚子链的分类、结构特点、接头形式、主要参数和标记方法

说明	具体内容
分类	 （a）单排滚子链 　　（b）双排滚子链 　　（c）三排滚子链 滚子链包括单排滚子链、双排滚子链和多排滚子链。多排滚子链的承载能力与排数成正比，但由于制造精度的影响，各排的载荷不均匀，故排数不宜过多，一般不超过四排
结构	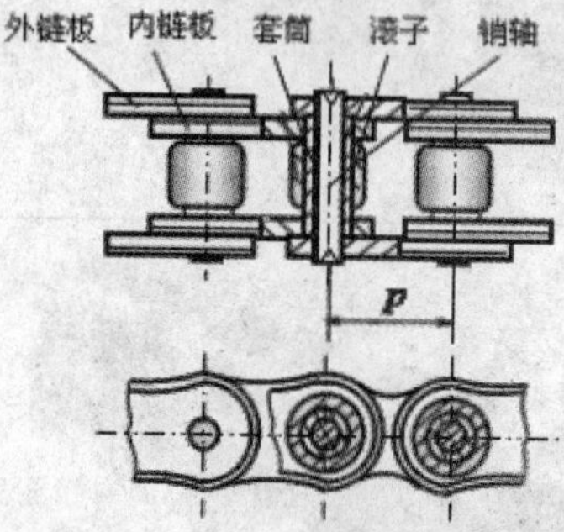
特点	内链板与套筒、外链板与销轴之间均为过盈配合；套筒与销轴、套筒与滚子之间均为间隙配合 结构简单，磨损较轻，适用于一般机械的链传动。但传动平稳性较差，有一定的冲击和噪声
接头形式	 （a）开口销 　　　　　（b）弹簧夹 　　　　　（c）过渡链节 滚子链的接头形式有 3 种：开口销、弹簧夹和过渡链节。偶数链节可采用开口销或弹簧夹来连接。若链节数为奇数，则需采用过渡链节
主要参数与标记方法	滚子链的主要参数如下。 （1）节距。链条的相邻两销轴中心线之间的距离称为节距，用符号 p 表示（上图）。节距是链的主要参数，链的节距越大，承载能力越强，但会使其传动的结构尺寸增大，冲击、噪声也会增大。因此，应用时应尽量选用小节距的链。 （2）链节数。滚子链的长度用链节数表示。为了使链条两端便于连接，链节数应尽量选取偶数节。 我国目前使用的滚子链的国家标准为《传动用短节距精密滚子链、套筒链、附件和链轮》（GB/T 1243—2006），分为 A 和 B 两个系列。滚子链是标准件，标记方法为：链号—排数×链节数标准编号。 说明：链号数使用标准编号，在 ISO 标准中，A 系列为美国标准系列，B 系列为英国标准系列；链的节距可通过链号乘以 25.4/16 求得节距值。 例如，08A—1×66　GB/T 1243—2006 表示：A 系列、单排、节距为 8×25.4/16＝12.7（mm）、链节数为 66 节的滚子链

2. 齿形链

齿形链又称为无声链，由许多经冲压而成的齿形链板铰接而成。为避免啮合时脱链，链条应有导向板，且分为内导向式和外导向式两种，如图 3-5 所示。

齿形链链板的两工作侧面间的夹角为 60°，工作时链板侧边与链轮齿廓相啮合，如图 3-6 所示。

图 3-5　齿形链

图 3-6　齿形链的齿形结构

与滚子链相比，齿形链具有传动平稳、噪声小、允许链速较高、承受冲击载荷能力较强等优点，但结构复杂、装拆困难、价格较高且质量较大，并且对安装和维护的要求也较高，多用于高速（链速可达 40m/s）或运动精度要求较高的传动，如电梯等。

3.2　齿轮传动概述

？思考

观察图 3-7 所示的一级齿轮减速器的内部结构，它通过齿轮来实现减速的目的。动力从输入轴输入，通过一对齿轮啮合传动之后，由输出轴输出。实现减速的目的有多种方法，那么，这种采用齿轮减速的装置有何特点呢？

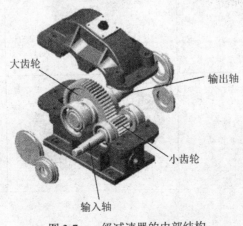

图 3-7　一级减速器的内部结构

3.2.1 齿轮传动的类型及应用

齿轮传动是指利用齿轮轮齿的啮合来传递运动和动力的一种机械传动。

齿轮传动的类型很多，根据两齿轮啮合传动时其相对运动是平面运动还是空间运动，可将齿轮传动分为平面齿轮传动和空间齿轮传动两大类。齿轮传动的常用类型及应用如表 3-3 所示。

表 3-3　齿轮传动的常用类型及应用

分类方法		类型	图例	应用
平面齿轮传动	按轮齿形状分	直齿圆柱齿轮传动		适用于圆周速度较低的传动
		斜齿圆柱齿轮传动		适用于圆周速度较高，载荷较大且要求结构紧凑的场合
		人字齿圆柱齿轮传动		适用于载荷较大且要求传动平稳的场合
	按啮合形式分	外啮合齿轮传动		用于传递平行轴间的运动和动力。适用于圆周速度较低的传动

续表

分类方法		类型	图例	应用
平面齿轮传动	按啮合形式分	内啮合齿轮传动		适用于结构要求紧凑且效率较高的场合
		齿轮齿条传动		适用于将连续转动转变为往复移动的场合
空间齿轮传动		锥齿轮传动		适用于圆周速度较低、载荷小而稳定的场合
				适用于承载能力大、传动平稳、噪声小的场合
		交错轴斜齿轮传动		适用于圆周速度低、载荷小的场合
		蜗杆传动		适用于传动比大，且要求结构紧凑、传动平稳、噪声很小的场合。多用于手动铰车

3.2.2 齿轮传动的优缺点

齿轮传动的优缺点如表 3-4 所示。

表 3-4 齿轮传动的优缺点

优点	缺点
（1）能保证瞬时传动比的恒定，传动平稳性好，传递运动准确可靠。 （2）传递功率和速度范围大，传递功率可高达 5×10^4 kW，圆周速度可以达到 300m/s 。 （3）传动效率高，使用寿命长。 （4）结构紧凑，工作可靠，维护简便	（1）工作时有振动、冲击和噪声。 （2）制造和安装精度要求高，加工成本高。 （3）不能实现无级变速。 （4）不适宜用在中心距较大的场合

3.2.3 齿轮传动的传动比

在一对齿轮传动中，主动齿轮的齿数为 z_1，从动齿轮的齿数为 z_2，当主动齿轮的转速为 n_1，从动齿轮的转速为 n_2 时，单位时间内主、从动齿轮转过的齿数应相等，即 $n_1 z_1 = n_2 z_2$，由此可得齿轮传动的传动比为

$$i_{12} = \frac{n_1}{n_2} = \frac{z_2}{z_1}$$

式中，n_1、n_2 ——主动齿轮和从动齿轮的转速（r/min）；

z_1、z_2 ——主动齿轮和从动齿轮的齿数。

上式说明：齿轮传动的传动比是主动齿轮转速与从动齿轮转速之比，与两齿轮的齿数成反比。

在图 3-7 所示的减速器中，两级齿轮传动均是由小齿轮将动力传递给大齿轮的，根据转速与齿数成反比的关系可知，输入轴的转速大于输出轴的转速，从而实现了减速传动。

？思考

齿轮的种类很多，齿廓曲线也不尽相同，以满足不同机械工作情况的需要。那么，什么样的齿廓曲线好呢？常用的齿廓曲线是怎样的？

3.2.4 渐开线齿廓

1. 渐开线的形成

如图 3-8 所示，在平面上，直线 AB 沿着半径为 r_b 的固定圆做纯滚动时，直线 AB 上任意点 K 的轨迹 CKD 称为该圆的渐开线，该圆称为渐开线的基圆，直线 AB 称为发生线。作用于渐开线上点 K 的正压力 F 方向（法线方向）与点 K 的速度 v_K 方向所夹的锐角 α_K 称为渐开线在点 K 的压力角，如图 3-9 所示。

渐开线齿轮的齿廓是由同一基圆上产生的两条互为反向的渐开线组成的。以渐开线为齿廓曲线的齿轮称为渐开线齿轮，如图 3-10 所示。

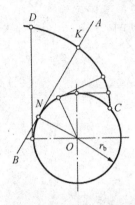

图 3-8　渐开线形成

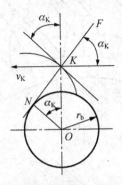

图 3-9　渐开线压力角

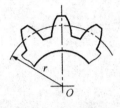

图 3-10　渐开线齿廓

2. 渐开线的性质

从渐开线的形成过程可以看出，它具有如下性质。

（1）发生线在基圆上滚过的线段长度 NK 等于基圆上被滚过的一段弧长 NC。

（2）渐开线上任意一点的法线必切于基圆。

（3）渐开线的形状取决于基圆的大小。

（4）渐开线上各点的压力角 α_K 不相等。离基圆越远压力角越大，基圆上的压力角为零。

（5）基圆内无渐开线。

3.3　渐开线标准直齿圆柱齿轮传动

？思考

　　齿轮传动的类型很多，但应用最广泛的是渐开线标准直齿圆柱齿轮传动。那么，单个渐开线标准直齿圆柱齿轮有哪些基本参数呢？怎样计算它的几何尺寸？

3.3.1　渐开线标准直齿圆柱齿轮的基本参数

　　渐开线标准直齿圆柱齿轮的几何要素如图 3-11 所示。

　　渐开线标准直齿圆柱齿轮的基本参数有 5 个，即齿数 z、模数 m、压力角 α、齿顶高系数 h_a^* 和顶隙系数 c^*。

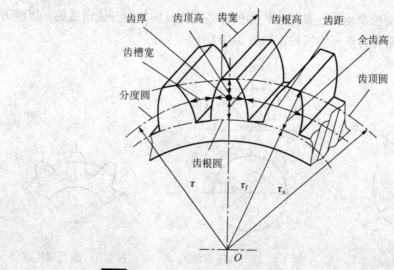

图 3-11　渐开线标准直齿圆柱齿轮的几何要素

1. 齿数 z

齿轮圆周上的轮齿总数称为齿数。

2. 模数 m

齿距 P 除以圆周率 π 所得的商称为模数，即 $m = P / \pi$，单位为 mm。

为了便于设计和制造齿轮，模数已经标准化，国家标准《通用机械和重型机械用圆柱齿轮模数》（GB/T 1357—2008）规定的标准模数系列如表 3-5 所示。模数是计算齿轮几何尺寸的一个基本参数。齿数相等的齿轮，模数越大，齿轮几何尺寸越大，轮齿越大，承载能力也越强。

表 3-5　标准模数系列　　　　　　　　　　　　单位：mm

第一系列	1	1.25	1.5	2	2.5	3	4	5	6	8	10	12	16	20	25	32	40	50
第二系列	1.125	1.375	1.75	2.25	2.75	(3.25)	3.5	(3.75)	4.5	5.5	(6.5)	7	9	(11)				
	14	18	22	28	36	45												

注：表中模数对于斜齿轮则是指法向模数；选取模数时应优先采用第一系列，括号内的模数尽可能不用。

3. 压力角 α

就单个齿轮而言，在端平面上，过端面齿廓与分度圆交点处的径向直线与齿廓在该点处的切线所夹的锐角称为压力角，用 α 表示，如图 3-12 所示。国家标准规定：渐开线圆柱齿轮分度圆上的压力角 $\alpha = 20°$。

4. 齿顶高系数 h_a^*

为使齿轮的齿形匀称，齿顶高和齿根高与模数成正比，即 $h_a = h_a^* m$。对于标准齿轮，国家标准规定：$h_a^* = 1$。

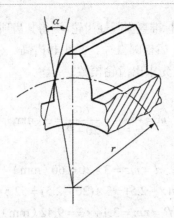

图 3-12 压力角

5. 顶隙系数 c^*

当一对齿轮啮合时，为使一个齿轮的齿顶面不与另一个齿轮的齿槽底面相抵触，轮齿的齿根高应大于齿顶高，即要留有一定的径向间隙，称为顶隙，用 c 表示。对于标准齿轮，规定 $c = c^* m$，c^* 为顶隙系数。国家标准规定：标准齿轮的顶隙系数 $c^* = 0.25$。

3.3.2 渐开线标准直齿圆柱齿轮几何尺寸计算

渐开线标准直齿圆柱齿轮是指采用标准模数 m，压力角 $\alpha = 20°$，齿顶高系数 $h_a^* = 1$，顶隙系数 $c^* = 0.25$，端面齿厚 s 等于端面槽宽 e 的渐开线直齿圆柱齿轮，简称标准直齿轮。标准直齿圆柱齿轮几何尺寸的计算公式如表 3-6 所示。

表 3-6 标准直齿圆柱齿轮几何尺寸的计算公式

名称	代号	公式	
		外齿轮	内齿轮
压力角	α	标准齿轮为 20°	
齿数	z	通过传动比计算确定	
模数	m	通过计算或结构设计确定	
齿厚	s	$s = P/2 = \pi m/2$	
齿槽宽	e	$e = P/2 = \pi m/2$	
齿距	P	$P = \pi m$	
基圆齿距	p_b	$p_b = p\cos\alpha$	
齿顶高	h_a	$h_a = h_a^* m = m$	
齿根高	h_f	$h_f = (h_a^* + c^*)m = 1.25m$	
全齿高	h	$h = h_a + h_f = 2.25m$	
分度圆直径	d	$d = mz$	
齿顶圆直径	d_a	$d_a = d + 2h_a = m(z + 2)$	$d_a = d - 2h_a = m(z - 2)$
齿根圆直径	d_f	$d_f = d - 2h_f = m(z - 2.5)$	$d_f = d + 2h_f = m(z + 2.5)$
标准中心距	a	$a = (d_1 + d_2)/2 = m(z_1 + z_2)/2$	$a = (d_1 - d_2)/2 = m(z_1 - z_2)/2$
基圆直径	d_b	$d_b = d\cos\alpha$	

注：内齿轮与外齿轮的齿顶圆直径、齿根圆直径、标准中心距的计算公式不同。

【例 3-1】 某企业现有一标准直齿圆柱齿轮，测得其齿顶圆直径 d_a=66mm，齿数 z=20，试计算其模数、分度圆直径、齿根圆直径、齿距和齿高。

解 根据表 3-6 中的公式先求出齿轮模数。

由式 $d_a = m(z+2)$ 得

$$m = \frac{d_a}{z+2} = \frac{66}{20+2} = 3 \text{（mm）}$$

将 m 代入有关各式，得

$$d = mz = 3 \times 20 = 60 \text{（mm）}$$
$$d_f = m(z-2.5) = 3 \times (20-2.5) = 52.5 \text{（mm）}$$
$$P = \pi m = 3.14 \times 3 = 9.42 \text{（mm）}$$
$$h = 2.25m = 2.25 \times 3 = 6.75 \text{（mm）}$$

3.3.3 齿轮副正确啮合的条件

一对齿轮能连续顺利地传动，需要各对轮齿依次正确啮合，互不干涉，如图 3-13 所示。为保证传动时不出现因两齿廓局部重叠或侧隙过大而引起的卡死或冲击现象，必须使两轮的基圆齿距相等，即 $p_{b1} = p_{b2}$，也即 $m_1 \cos \alpha_1 = m_2 \cos \alpha_2$。

由此可得标准直齿圆柱齿轮的正确啮合条件如下。

（1）两齿轮的模数必须相等，即 $m_1 = m_2$。

（2）两齿轮分度圆上的压力角必须相等，即 $\alpha_1 = \alpha_2$。

【例 3-2】 现企业须自制图 3-14 所示的一台单级直齿圆柱齿轮减速器，要求传动比 $i_{12} = 3$，拟将例 3-1 中的齿轮作为主动轮，配制一从动轮。试确定从动轮的模数、分度圆直径、齿根圆直径、齿距、全齿高和两轮的中心距。

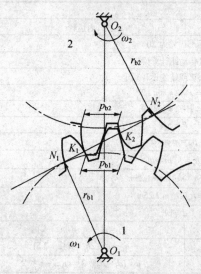

图 3-13　标准直齿圆柱齿轮正确啮合示意图　　图 3-14　单级直齿圆柱齿轮减速器

解　根据标准直齿圆柱齿轮的正确啮合条件可得

从动齿轮模数 $m_1 = m_2 = 3\text{mm}$

由式 $i_{12} = \dfrac{n_1}{n_2} = \dfrac{z_2}{z_1}$ 得

$$z_2 = i_{12}z_1 = 3 \times 20 = 60$$

将 m_2 代入有关各式得

$$d_2 = m_2 z_2 = 3 \times 60 = 180（\text{mm}）$$
$$d_{a2} = m_2(z_2 + 2) = 3 \times (60 + 2) = 186（\text{mm}）$$
$$d_{f2} = m_2(z_2 - 2.5) = 3 \times (60 - 2.5) = 172.5（\text{mm}）$$
$$p_2 = \pi m_2 = 3.14 \times 3 = 9.42（\text{mm}）$$
$$h_2 = 2.25m = 2.25 \times 3 = 6.75（\text{mm}）$$
$$a = (d_1 + d_2)/2 = (60 + 180) \div 2 = 120（\text{mm}）$$

3.4　其他齿轮传动

？思考

在实际生产中，虽然直齿圆柱齿轮传动得到广泛的应用，但它不能满足某些特殊的齿轮传动要求。因此，常采用斜齿轮、圆锥齿轮和齿条传动。你知道这是为什么呢？

3.4.1　斜齿圆柱齿轮传动

1. 传动特点

与直齿圆柱齿轮传动相比较，斜齿圆柱齿轮齿面上的接触线是斜直线，传动时轮齿齿面上的接触线长度由短逐渐变长，再由长变短，直至脱离啮合。此外，由于斜齿轮的轮齿是倾斜的，同时啮合的轮齿对数比直齿轮多，因此斜齿轮传动具有如下传动特点。

（1）传动平稳，冲击、噪声和振动小。

（2）承载能力强，适于高速、大功率传动。

（3）传动时产生轴向力。

（4）不能用作变速滑移齿轮。

2. 主要参数

由于斜齿圆柱齿轮的齿面是渐开螺旋面，有端面和法向之分，因此，斜齿轮的参数有端面参数和法向参数。

如图 3-15（a）所示，斜齿轮的端面是指垂直于齿轮轴线的平面，用 t 表示；法向是指与轮齿齿线垂直的平面，用 n 表示。

1）模数和压力角

斜齿轮的模数有端面模数 m_t 和法向模数 m_n，压力角有端面压力角 α_t 和法向压力角 α_n。

国家标准规定斜齿圆柱齿轮的法向模数 m_n 和法向压力角 α_n 为标准值。

2）螺旋角

图 3-15（b）所示为斜齿轮的分度圆柱展开图。分度圆柱螺旋线展开成一条直线，该直线与轴线的夹角 β 称为斜齿轮在分度圆柱上的螺旋角，简称螺旋角。它表示轮齿的倾斜程度。通常所说斜齿轮的螺旋角是指分度圆柱上的螺旋角。斜齿轮的螺旋角 $\beta = 8° \sim 30°$，常用 $\beta = 8° \sim 15°$。螺旋角越大，轮齿越倾斜，传动的平稳性越好，但轴向力也越大。

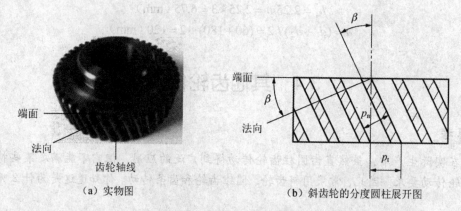

|（a）实物图 |（b）斜齿轮的分度圆柱展开图 |

图 3-15　斜齿轮的端面和法面

3）旋向

斜齿圆柱齿轮按螺旋方向不同分为左旋和右旋，其旋向用右手法则来判定，如图 3-16 所示。伸出右手，掌心对准自己，四指顺着齿轮的轴线，若齿向与拇指指向一致，则该齿轮为右旋，反之为左旋。例如，图 3-16（c）中小齿轮螺旋方向为左旋，大齿轮螺旋方向为右旋。两个相互啮合的斜齿轮旋向应相反。

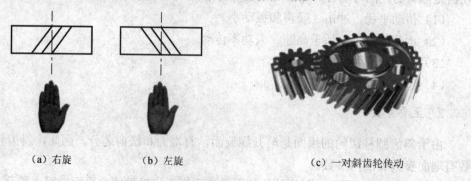

（a）右旋　　　　　　（b）左旋　　　　　　（c）一对斜齿轮传动

图 3-16　斜齿圆柱轮螺旋方向的判定

3. 斜齿圆柱齿轮正确啮合的条件

一对外啮合斜齿圆柱齿轮用于平行轴传动时正确啮合的条件如下。

（1）两齿轮的法向压力模数相等，即 $m_{n1} = m_{n2} = m$。

（2）两齿轮法向压力角相等，即 $\alpha_{n1} = \alpha_{n2} = \alpha$。

（3）两齿轮螺旋角相等，旋向相反，即 $\beta_1 = -\beta_2$。

3.4.2　直齿圆锥齿轮传动

直齿圆锥齿轮的轮齿分布在截圆锥体上，因此，对应圆柱齿轮中的各"圆柱"都变成"圆锥"，如分度圆锥、基圆锥、齿顶圆锥、齿根圆锥等，如图 3-17 所示。

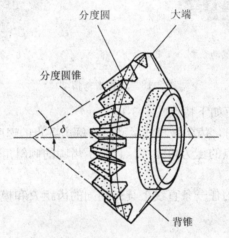

图 3-17　锥齿轮的结构

直齿圆锥齿轮应用于两轴相交的轴间传动，两轴间的交角可以任意，但在实际应用中，多见于两轴垂直相交的轴间传动。

由于直齿圆锥齿轮的轮齿分布在截圆锥面上，其齿形从大端到小端逐渐收缩，大端轮齿尺寸大，小端轮齿尺寸小。为了便于测量，规定以大端的参数作为标准参数。

为了保证正确啮合，直齿圆锥齿轮传动应满足下列条件。

（1）两齿轮的大端面模数相等。

（2）两齿轮的大端压力角相等。

？思考

观察齿轮传动，大多是传递回转运动的。在实际生产中，有时需要将回转运动转变为往复直线运动，或者将往复直线运动转变为回转运动，这时需要采用一种特殊组合方式的齿轮传动。你知道是什么吗？

3.4.3 齿轮齿条传动

齿轮齿条传动是齿轮传动的一种特殊组合方式，齿条可以看作一个齿数为无穷多的圆柱齿轮的一部分。齿轮齿条传动的主要目的是将齿轮的回转运动转变为齿条的往复直线运动，或者将齿条的直线往复运动转变为齿轮的回转运动。齿轮齿条传动分为直齿齿条传动和斜齿齿条传动，如图 3-18 所示。

（a）直齿齿条传动

（b）斜齿齿条传动

图 3-18　齿轮齿条传动

齿条与齿轮相比具有如下特点（图 3-19）。

（1）齿轮齿条传动时，齿条做直线运动，齿廓上各点的速度大小和方向均一致。

（2）齿条齿廓上各点的压力角相等，且等于齿廓的倾斜角，此角称为压力角，且 $\alpha = 20°$。

（3）与齿顶线平行的任一条直线上具有相同的齿距 P 和模数 m，但齿厚 s 和齿槽宽 e 各不相同。

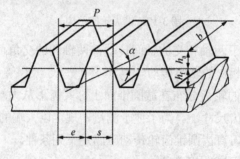

图 3-19　齿条的特点

3.5　齿轮轮齿的失效形式

❓思考

齿轮在传动过程中，因润滑、过载等原因会出现损坏现象，而不能正常工作。那么，实际生产中齿轮会发生哪些损坏现象呢？

3.5.1　轮齿的失效

齿轮在传动过程中，由于各种原因，会发生轮齿折断、齿面损坏等现象，从而失去正常的工作能力，这种现象称为齿轮轮齿的失效。

3.5.2　轮齿的失效形式

轮齿的失效形式主要与齿轮传动的类型、工作状况、加工精度等因素有关。常见的失效形式有轮齿折断、齿面点蚀、齿面磨损、齿面胶合、齿面塑性变形等。其产生的原因及预防措施，如表 3-7 所示。

表 3-7　常见轮齿的失效形式、产生原因及预防措施

失效形式	实物图	产生原因	预防措施
轮齿折断（折断面）		在开式齿轮传动、闭式齿轮传动中均可能发生。在载荷反复作用下，齿根弯曲应力超过允许限度时，发生疲劳折断；用脆性材料制成的齿轮，因短时过载、过大冲击而突然断齿	限制齿根危险截面上的弯曲应力，选用合适的参数和几何尺寸，降低齿根处的应力集中，采用良好的热处理工艺
齿面点蚀（出现麻坑、剥落）		闭式齿轮传动中，在载荷反复作用下，轮齿工作面上受到接触挤压作用，轮齿工作面接触应力超过允许限度时发生疲劳点蚀	限制齿面的接触应力，提高齿面硬度，降低齿面的表面粗糙度值，采用黏度高的润滑油及适宜的添加剂
齿面磨损（磨损厚度 H）		主要发生在开式齿轮传动中及润滑油不干净的闭式齿轮传动中。灰尘、金属屑等杂物进入啮合区引起磨料磨损	注意润滑油的清洁，降低表面粗糙度，提高齿面硬度，开式齿轮传动加适当的保护装置

续表

失效形式	实物图	产生原因	预防措施
齿面胶合 齿面胶合		高速、重载或润滑不良的低速重载传动中,齿面局部温度过高,润滑失效	进行抗胶合能力计算,限制齿面温度,保证良好的润滑,降低齿面的粗糙度值
ω_1 主动轮 从动轮 摩擦力方向 ω_2 齿面塑性变形		开式齿轮传动、闭式齿轮传动均可能发生。齿面较软的齿轮在频繁启动和严重过载时,在齿面的挤压力和摩擦力作用下,使齿面金属产生局部塑性变形	提高齿面硬度,选用黏度较大的润滑油,避免频繁启动和过载

第4章 蜗杆传动

蜗杆传动具有传动比大，结构紧凑等优点，广泛应用于机床分度机构、汽车、仪表、冶金机械、起重运输机械及减速装置中。图4-1所示为蜗杆传动的应用实例。

（a）蜗杆提升机　　　　　　　　　　（b）万能分度头

图4-1　蜗杆传动的应用实例

本章介绍蜗杆传动的类型及其特点，同时以阿基米德蜗杆传动为主，介绍蜗杆传动的主要参数和正确啮合的条件。

4.1　蜗杆传动概述

❓思考

观察图4-2所示的手动绞车，手柄的运动轴线与滚筒的运动轴线互相垂直交错。当快速转动手柄时，滚筒旋转并带动重物慢速、平稳地提升或下降。手柄停止转动时，重物静止。手动绞车装置为什么采用蜗杆传动？

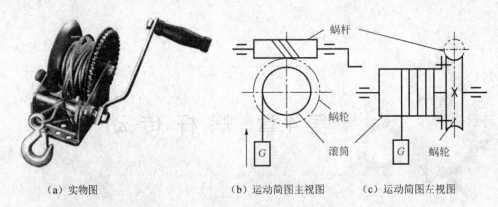

（a）实物图　　　　　　　（b）运动简图主视图　　　　（c）运动简图左视图

图 4-2　手动绞车

4.1.1　蜗杆传动的组成

图 4-3 所示的圆柱蜗杆减速器。从图中可以看出，蜗杆传动是由蜗杆副（蜗杆、蜗轮）组成的传动装置。通常情况下蜗杆是主动件，蜗轮是从动件，用来传递空间两轴垂直交错成 90°的轴间传动。

图 4-3　圆柱蜗杆减速器

4.1.2　蜗杆传动的分类

蜗杆传动按蜗杆的形状不同，可分为圆柱蜗杆传动、环面蜗杆传动和锥蜗杆传动三大类。蜗杆传动的类型及应用特点如表 4-1 所示。

表 4-1　蜗杆传动的类型及应用特点

类型		图例	应用特点
圆柱蜗杆传动	普通圆柱蜗杆传动		制造简单，测量方便，工艺性能好，但难以磨削，故精度不高。适用于轻载、低速传动的场合

续表

类型		图例	应用特点
圆柱蜗杆传动	圆弧圆柱蜗杆传动		一种新型的蜗杆传动，工作时有利于油膜的形成，承载能力高出普通圆柱蜗杆 1.5～2.5 倍，传动效率高（可达 95%以上），但中心距安装精度要求高。适用于重载、高速、精密传动的场合
环面蜗杆传动			同时啮合的齿数多，承载能力是普通圆柱蜗杆的 2～4 倍，传动效率达 85%～90%，但加工不易，且制造和安装精度要求高。这种蜗杆传动目前应用还不普遍
锥蜗杆传动			结构紧凑，制造安装简便，工艺性好。传动比一般为 10～60。承载能力强，润滑条件好，传动效率高，但传动具有不对称性

　　按照蜗杆齿廓曲线的不同，普通圆柱蜗杆分为阿基米德蜗杆、渐开线蜗杆和法向直廓蜗杆 3 种类型，其中阿基米德蜗杆应用最广泛。普通圆柱蜗杆的类型及应用如表 4-2 所示。

表 4-2　普通圆柱蜗杆的类型及应用

类型	图例	应用
阿基米德蜗杆	*N—N*　*I—I*　阿基米德螺旋线　*I—γ*　*N*　*2α*　　注：蜗杆在轴向剖面 *I—I* 内具有梯形齿条形的直齿廓。在垂直于轴线的端面内，齿廓曲线为阿基米德螺旋线	加工和测量方便，广泛用于中小载荷、速度较低及间歇工作场合

类型	图例	应用
渐开线蜗杆	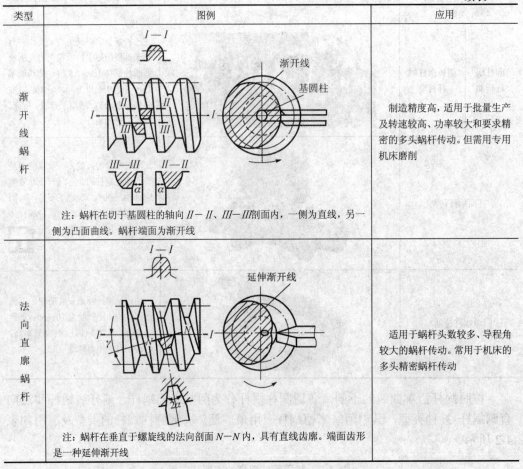 注：蜗杆在切于基圆柱的轴向 $II-II$、$III-III$ 剖面内，一侧为直线，另一侧为凸面曲线。蜗杆端面为渐开线	制造精度高，适用于批量生产及转速较高、功率较大和要求精密的多头蜗杆传动。但需用专用机床磨削
法向直廓蜗杆	注：蜗杆在垂直于螺旋线的法向剖面 $N-N$ 内，具有直线齿廓。端面齿形是一种延伸渐开线	适用于蜗杆头数较多、导程角较大的蜗杆传动。常用于机床的多头精密蜗杆传动

蜗杆传动按蜗杆螺旋头数（也称线数，记为 z_1）不同，可分为单头蜗杆传动和多头蜗杆传动。单头蜗杆传动一般用于分度机构或要求自锁的场合，但传动效率低。多头蜗杆传动用于动力传动，传动功率较大，传动效率较高。在实际工作中，常取 $z_1=2\sim4$。

按蜗杆螺旋旋向不同，可分为左旋蜗杆传动和右旋蜗杆传动，在实际应用中多用右旋蜗杆传动。

4.1.3 蜗杆传动的传动比

蜗杆传动的传动比是主动蜗杆的转速与从动蜗轮转速的比值，也等于蜗杆头数与蜗轮齿数的反比，即

$$i_{12} = \frac{n_1}{n_2} = \frac{z_2}{z_1}$$

式中，n_1、n_2——蜗杆、蜗轮的转速（r/min）；

z_1——蜗杆的头数；

z_2——蜗轮的齿数。

❓思考

在图 4-2（b）所示的手动绞车运动简图的主视图中，如何转动手柄才能使重物上升?

4.1.4 蜗轮回转方向的判定

在蜗杆传动中，蜗杆、蜗轮的旋向应是一致的，即同为左旋或右旋。蜗轮旋转方向取决于蜗杆的旋向和蜗杆的转向，可用左（右）手法则来判定，蜗杆、蜗轮的旋向和蜗轮的转向判定方法如表 4-3 所示。

表 4-3　蜗杆、蜗轮的旋向及蜗轮的转向判定方法

项目	图例	判定方法
蜗杆、蜗轮旋向的判定	右旋蜗杆 左旋蜗杆 右旋蜗轮　左旋蜗轮	右手法则：伸开右手，手掌心对着自己，四指顺着蜗杆或蜗轮的轴线方向摆正，若齿向与右手拇指指向一致，则该蜗杆或蜗轮为右旋，反之为左旋
蜗轮旋转方向的判定	右旋蜗杆传动 左旋蜗杆传动	左（右）手法则：左旋用左手，右旋用右手。握于蜗杆，四指弯曲与蜗杆转向一致，拇指伸直与蜗杆轴线一致，拇指所指的相反方向就是蜗轮上啮合点的线速度方向

4.1.5　蜗杆传动的特点

蜗杆传动的特点如表 4-4 所示。

表 4-4　蜗杆传动的特点

特点	说明
传动比大，结构紧凑	在动力传动中，通常 $i_{12}=10\sim30$；一般传动时，$i_{12}=6\sim80$；用于分度机构时（可得到精确的微小位移）$i_{12}=600\sim1000$
传动平稳，承载能力大，噪声小	蜗杆的齿为连续不断的螺旋面，传动时与蜗轮间的啮合是渐入渐出的，且同时啮合的齿数较多
反行程易实现自锁	当蜗杆的导程角（$\gamma\leqslant5°$）小于材料的当量摩擦角时，蜗杆传动便具有自锁性，多用于起重机械设备中。故手动铰车采用蜗杆传动，能确保起重安全可靠，即使手柄停转重物也不会自行下滑
传动效率低	由于齿面间滑动速度较大，因此齿面磨损大且易发热，传动效率低。一般蜗杆传动的效率 $\eta=0.7\sim0.8$，具有自锁性的蜗杆传动，其效率 $\eta<0.5$
制造成本高	为减少摩擦和磨损，蜗轮常采用青铜等减摩材料制造

4.2　蜗杆传动的主要参数和正确啮合条件

？思考

观察图 4-4 所示的单级蜗杆传动减速器。这种减速器具有结构紧凑、传动比大的优点而被应用于交错轴间的减速传动装置。蜗杆类似螺杆，蜗轮类似斜齿轮。那么，蜗杆传动正确啮合应满足什么条件呢？

图 4-4　单级蜗杆传动减速器

4.2.1　蜗杆传动的主要参数

　　蜗杆传动的主要参数和几何尺寸均以中间平面为准，如图 4-5 所示。中间平面是指通过蜗杆轴线并垂直于蜗轮轴线的平面。在该平面内，蜗杆与蜗轮的啮合传动相当于齿条与齿轮的啮合传动，对于蜗杆，中间平面为其轴向平面；对于蜗轮，中间平面为其端面。国家标准规定，蜗杆以轴向(x)的参数为标准参数，蜗轮以端面(t)的参数为标准参数。

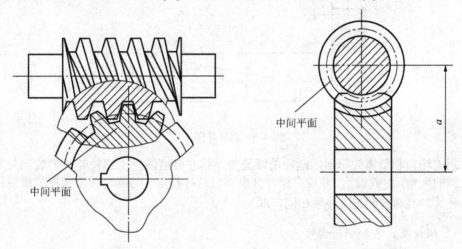

图 4-5　蜗杆传动的中间平面

　　蜗杆传动的主要参数包括模数 m、压力角 α、蜗杆导程角 γ、蜗轮螺旋角 β、蜗杆头数 z_1、蜗轮齿数 z_2、蜗杆分度圆直径 d_1、蜗杆直径系数 q、齿顶高系数 h_a^*、顶隙系数 c^* 及中心距 a 等。

　　1. 模数 m 和压力角 α

　　蜗杆传动和齿轮传动一样，其几何尺寸也以模数为主要计算参数。蜗杆的模数为轴向模数 m_x，蜗轮的模数为端面模数 m_t。蜗杆的轴向模数等于其配对的蜗轮的端面模数，且为标准值。蜗杆的标准模数 m 如表 4-5 所示。

表 4-5　蜗杆的标准模数 m　　　　　　　　单位：mm

第一系列	1	1.25	1.6	2	2.5	3.15	4	5	6.3	8	10	12.5	16	20	25	31.5	40
第二系列	1.5	3	3.5	4.5	5.5	6	7	12	14								

注：摘自国家标准《圆柱蜗杆模数和直径》（GB/T 10088—1988）。

　　对于蜗杆，其压力角为蜗杆的轴向压力角 α_x；对于蜗轮，其压力角为端面压力角 α_t，且均为标准值，即 $\alpha_x = \alpha_t = 20°$。

　　2. 蜗杆的导程角 γ 和蜗轮的螺旋角 β

　　如图 4-6 所示，蜗杆导程角 γ 是指蜗杆分度圆柱螺旋线上任一点的切线与端平面间

所夹的锐角，其计算公式为

$$\tan \gamma = \frac{z_1 p_{x1}}{\pi d_1} = \frac{z_1 \pi m_{x1}}{\pi d_1} = \frac{m_{x1} z_1}{d_1}$$

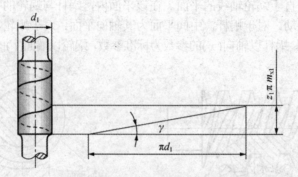

图 4-6　蜗杆导程角

蜗轮轮齿和斜齿轮相似，蜗轮的螺旋角是指在分度圆柱上蜗轮轮齿的旋向与其轴线之间的夹角，用 β 表示。并规定蜗杆分度圆柱的导程角 γ 与蜗轮分度圆柱的螺旋角 β 大小相等，且两者的旋向必须相同，即 $\gamma = \beta$。

3. 蜗杆头数 z_1 和蜗轮齿数 z_2

蜗轮齿数取决于蜗杆头数和传动比的大小，即 $z_2 = z_1 \cdot i_{12}$。显然，在蜗轮齿数不变的条件下，蜗杆头数少则传动比大，但蜗杆的导程角 γ 变小，蜗杆传动效率降低；蜗杆头数越多，传动效率越高，但加工越困难。

为避免根切，$z_1 = 1$ 时，$z_2 > 22$；$z_1 > 1$ 时，$z_2 > 26$。用于动力传动的蜗轮齿数不宜过多，一般为 $60 \sim 80$，否则会降低蜗杆的刚度。蜗杆头数 z_1 与蜗轮齿数 z_2 的推荐值如表 4-6 所示。

表 4-6　蜗杆头数 z_1 与蜗轮齿数 z_2 的推荐值

$i_{12} = z_2 / z_1$	7~8	9~13	14~24	25~27	28~40	>40
z_1	4	34	23	23	12	1
z_2	28~32	27~52	28~72	50~81	28~80	>40

4. 蜗杆分度圆直径 d_1 和蜗杆直径系数 q

由蜗杆导程角计算公式可得

$$d_1 = \frac{m_{x1} z_1}{\tan \gamma}$$

其中，蜗杆头数与蜗杆导程角正切的比值称为蜗杆直径系数，记为 q，即

$$q = \frac{z_1}{\tan \gamma}$$

则蜗杆的分度圆直径可表示为

$$d_1 = m_{x1}q$$

国家标准规定每一种模数对应的只有 1～2 个蜗杆直径系数 q，从而使同一种模数的蜗轮只需 1～2 把蜗轮滚刀即可加工，大大减少了刀具的数量，并将其标准化。

5. 齿顶高系数 h_a^*、顶隙系数 c^*、中心距 a

对于一般蜗杆传动，齿顶高系数 $h_a^* = 1$，顶隙系数 $c^* = 0.2$。标准蜗杆传动的中心距 a 的计算公式为

$$a = \frac{d_1 + d_2}{2}$$

一般圆柱蜗杆传动减速装置的中心距 a 应按下列数值选取（括号中的数尽量不用）：40、50、63、80、100、125、160、（180）、200、（225）、250、（280）、315、（355）、400、（450）、500，单位为 mm。

思考

想一想，对于图 4-4 所示的单级蜗杆传动减速器，若将其中的单头蜗杆改用双头蜗杆来增加输出轴的转速。那么，原来的蜗轮是否可以继续使用呢？

4.2.2 蜗杆传动的正确啮合条件

要使蜗杆副正确啮合传动，应满足一定的条件。普通圆柱蜗杆传动的正确啮合条件如下。

（1）在中间平面内，蜗杆的轴向模数 m_{x1} 和蜗轮的端面模数 m_{t2} 相等。

（2）在中间平面内，蜗杆的轴向压力角 α_{x1} 和蜗轮的端面压力角 α_{t2} 相等。

（3）蜗杆导程角 γ_1 与蜗轮螺旋角 β_2 相等，且旋向一致。

即

$$\begin{cases} m_{x1} = m_{t2} = m \\ \alpha_{x1} = \alpha_{t2} = 20° \\ \gamma_1 = \beta_2 \end{cases}$$

在加工蜗轮时，所用的蜗轮滚刀的参数必须与蜗杆的参数完全相同（如模数、压力角、分度圆直径、头数、导程角、旋向等），因此，仅模数与压力角相等的蜗杆与蜗轮是不能互换啮合的。

对于图 4-4 所示的单级蜗杆传动减速器，即使选用的双头蜗杆与原来的蜗轮模数相等，蜗杆的轴向压力角 α_{x1} 和蜗轮的端面压力角 α_{t2} 相等，但双头蜗杆 $z_1 = 2$，在其他参数不变的条件下，双头蜗杆与单头蜗杆的导程角不相等。也就是蜗杆分度圆柱导程角 γ_1 和蜗轮分度圆柱螺旋角 β_2 不相等，即不满足正确啮合条件，故原来的蜗轮不能继续使用，否则减速器不能正常工作。

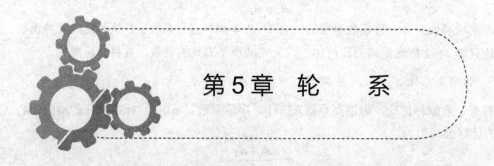

第5章 轮 系

由两个相互啮合的齿轮所组成的齿轮机构是齿轮传动中的最基本的形式。在实际机械装置中，为了获得较大的传动比或实现变速、换向的要求，常常要采用多对齿轮进行传动，如图 5-1 所示。这种由一系列相互啮合的齿轮组成的传动系统称为轮系。轮系广泛应用在机床变速箱、汽车变速器等机构中。

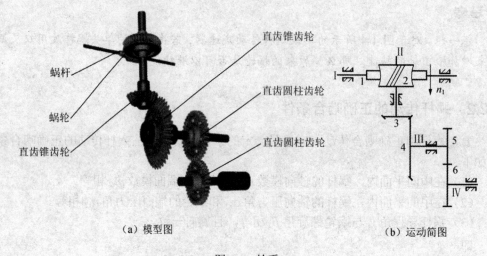

（a）模型图　　　　　　　　　　　　　（b）运动简图

图 5-1　轮系

本章介绍轮系的分类及应用特点、定轴轮系和周转轮系传动比的计算等内容。

5.1　轮系的分类及应用

？思考

观察图 5-2 所示的铣床变速箱传动机构和三级齿轮减速器，你会发现它们有一个共同点，即都采用了轮系。那么，它们属于哪种轮系？各有什么特点？

（a）铣床变速箱传动机构

（b）三级齿轮减速器

图 5-2　轮系的应用实例

5.1.1　轮系的分类

　　轮系的形式有很多，按照轮系中各齿轮轴线是否平行，轮系可分为平面轮系和空间轮系两大类；按照轮系传动时各齿轮的几何轴线在空间的相对位置是否固定，轮系可分为定轴轮系、周转轮系和混合轮系三大类，如表 5-1 所示。

表 5-1　轮系的分类

类别	说明	运动简图		
定轴轮系（普通轮系）	轮系运转时，所有齿轮几何轴线的位置相对于机架固定不变。根据轴线是否平行，可分为平面定轴轮系和空间定轴轮系			
周转轮系	轮系运转时，至少有一个齿轮的几何轴线相对于机架的位置是不固定的，而是绕另一个齿轮的几何轴线转动。根据中心轮是否固定，可分为差动轮系和行星轮系		差动轮系	

续表

类别	说明	运动简图
周转轮系		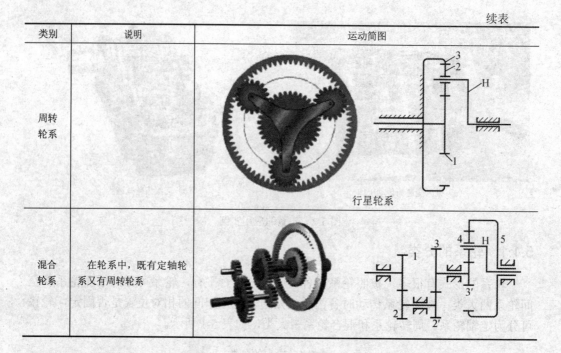行星轮系
混合轮系	在轮系中，既有定轴轮系又有周转轮系	

5.1.2 轮系的特点及应用

1. 可以获得很大的传动比

当两轴之间的传动比较大时，若采用一对齿轮传动，则两个齿轮的齿数差一定很大，导致小齿轮磨损加快。而大齿轮齿数太多，也使得齿轮传动结构尺寸增大。为此，一对齿轮传动的传动比不能过大（一般 $i_{12} = 3\sim5$，$i_{max} \leqslant 8$）。而采用轮系传动可以获得很大的传动比，以满足低速工作的要求。

2. 可以实现相对较远距离的传动

当两轴中心距较大时，如果用一对齿轮传动，则两齿轮的结构尺寸必须很大，导致传动机构庞大。而采用轮系传动，可使结构紧凑，缩小传动装置的空间，节约材料，从而实现远距离传动，如图 5-3 所示。

3. 可以方便地实现变速和变向要求

在金属切削机床、汽车等机械中，经过轮系传动，可以使输出轴获得多级转速，以满足不同工作要求。

在图 5-4 所示的滑移齿轮变速机构中，齿轮 1 和齿轮 2 是双联滑移齿轮，可以在轴 Ⅰ 上滑移。当齿轮 1 和齿轮 3 啮合时，轴 Ⅱ 获得一种转速；当滑移齿轮右移，使齿轮 2 和齿轮 4 啮合时，轴 Ⅱ 可获得另一种转速（齿轮 1、齿轮 3 及齿轮 2、齿轮 4 的传动比不同）。

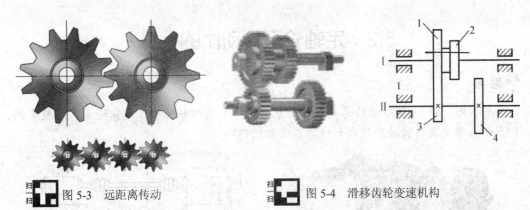

扫
一
扫 图 5-3　远距离传动　　　　扫
一
扫 图 5-4　滑移齿轮变速机构

图 5-5 所示为利用中间齿轮变向机构。在图 5-5（a）中，当齿轮 1（主动齿轮）与齿轮 3（从动齿轮）直接啮合时，齿轮 3 和齿轮 1 的转向相反。若在两齿轮之间增加一个齿轮 2 如图 5-5（b）所示，则齿轮 3 的转向与齿轮 1 相同。利用中间齿轮（也称惰轮或过桥轮）可以改变从动轮的转向。

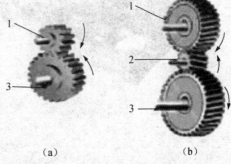

（a）　　　　　　　　（b）

4. 可实现运动的合成与分解

采用差动轮系可以将两个独立的运动合成为一个运动，或者将一个运动分解为两个独立的运动。图 5-6 所示为汽车后桥差速器，当汽车转弯时，能将传动轴输入的一种转速分解为两轮不同的转速。

扫
一
扫 图 5-5　利用中间齿轮变向机构

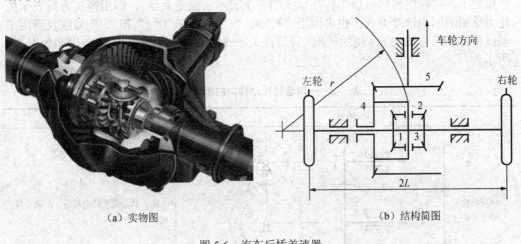

（a）实物图　　　　　　　　　　　（b）结构简图

图 5-6　汽车后桥差速器

5.2 定轴轮系传动比的计算

？思考

观察图 5-7（b）所示的卷扬机传动系统，其变速部分采用了定轴轮系，问题是我们如何来确定其各齿轮的转向和计算其传动比呢？

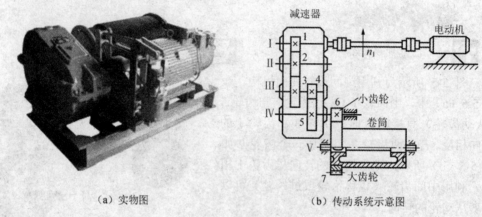

（a）实物图　　　　　　　　　（b）传动系统示意图

图 5-7　卷扬机

定轴轮系传动比的计算包括计算轮系传动比的大小和确定末轮的回转方向。

5.2.1 定轴轮系中各轮转向的判定

一对齿轮传动，当首轮（或末轮）的转向为已知时，其末轮（或首轮）的转向也就确定了。齿轮的转向可以用标注箭头的方法表示（画箭头法），即用箭头方向表示齿轮可见侧的圆周速度方向；也可以用"+"和"−"号表示（"+"和"−"号法仅适用于轴线平行的啮合传动）齿轮的转向（计算法）。一对齿轮传动转向的图示及说明如表 5-2 所示。

表 5-2　一对齿轮传动转向的图示及说明

图例		说明
圆柱齿轮啮合传动		主、从动齿轮转向相反，画两个反向箭头
外啮合齿轮传动		

续表

图例	说明
圆柱齿轮 啮合传动 内啮合齿轮传动	主、从动齿轮转向相同，画两个同向箭头
锥齿轮 啮合传动 锥齿轮传动	两个箭头同时指向或同时相背啮合点
蜗杆传动 蜗杆传动	用左、右手法则来判断蜗轮转向

当轮系中各齿轮轴线互相平行时，也可用通过统计轮系中外啮合齿轮的对数 m（计算法）来确定齿轮的转向，若 $(-1)^m > 0$，则表示首轮与末轮的转向相同；若 $(-1)^m < 0$，则表示首轮与末轮转向相反。

轮系中各齿轮的转向可在运动简图上依次画箭头表示，如图 5-8 所示。这里强调指出：对于轮系中含有圆锥齿轮、蜗轮蜗杆的空间轮系，各轮的转向只能用画箭头表示，如图 5-8（b）所示。

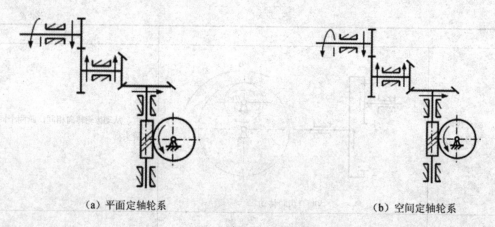

（a）平面定轴轮系　　　　　　　　　　　（b）空间定轴轮系

图 5-8　箭头法判断转向

❓思考

前面我们已学习了定轴轮系中各轮转向的确定，再观察图 5-7（b）所示的卷扬机传动系统，我们如何计算滚筒的传动比（转速）呢?

5.2.2　定轴轮系传动比的计算

定轴轮系的传动比是指轮系中首、末两轮的角速度（或转速）之比，又等于各级齿轮传动比的连乘积。

一般来说，若轮系中 1 为首轮，k 为末轮，则该轮系的传动比公式为

$$i_{1k} = \frac{\omega_1}{\omega_k} = \frac{n_1}{n_k} = i_{12}i_{34}\cdots i_{(k-1)k} = (-1)^m \times \frac{z_2 z_4 \cdots z_k}{z_1 z_3 \cdots z_{k-1}}$$

$$= (-1)^m \times \frac{\text{所有从动轮齿数的连乘积}}{\text{所有主动轮齿数的连乘积}}$$

式中，$(-1)^m$ 项只表示转向，指数 m 只表示轮系中外啮合齿轮的对数。i_{1k} 值为正则表示齿轮 1 与齿轮 k 转向相同；反之，表示转向相反。

这里需要强调指出：对于由锥齿轮或蜗杆传动组成的空间定轴轮系，在计算传动比时要去掉 $(-1)^m$ 项，只计算传动比的大小，其转向只能用画箭头法确定。

【例 5-1】　在图 5-9 所示的平面定轴轮系中，已知各齿轮的齿数分别为：$z_1 = z_6 = 20$，$z_2 = 40$，$z_4 = 120$，$z_3 = z_5 = z_7 = 30$，求该轮系的传动比 i_{17}。

解　　$i_{17} = \dfrac{n_1}{n_7} = i_{21}i_{43}i_{65}i_{76} = (-1)^m \times \dfrac{z_2 z_4 z_6 z_7}{z_1 z_3 z_5 z_6} = (-1)^3 \times \dfrac{40 \times 120 \times 20 \times 30}{20 \times 30 \times 30 \times 20} = -8$

"−"号表示首、末两轮转向相反。

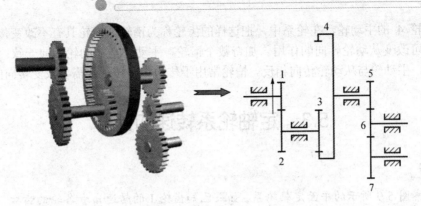

图 5-9 平面定轴轮系传动比计算

【例 5-2】 在图 5-10 所示的空间轮系中，已知主动轮的转速 $n_1 = 600 \text{r/min}$，各轮齿数 $z_1 = 20$，$z_2 = 30$，$z_3 = 25$，$z_4 = 40$，$z_5 = 1$，$z_6 = 40$，求该轮系的传动比 i_{16}。

解

$$i_{16} = \frac{z_2 z_4 z_6}{z_1 z_3 z_5} = \frac{30 \times 40 \times 40}{20 \times 25 \times 1} = 96$$

图 5-10 空间轮系

❓思考

图 5-11 所示的三星齿轮变向机构被应用在普通车床中，可方便地实现变向功能。那么，它是怎样实现变向的呢?

5.2.3 惰轮的作用

在图 5-11 所示的三星齿轮变向机构中，齿轮 2 与齿轮 3 啮合在一起且齿数相同。在图中所示位置时，齿轮 1 与齿轮 2 啮合，齿轮 2 又与齿轮 4 啮合，显然齿轮 1 与齿轮 4 转向相同。扳动手柄使齿轮 2 与齿轮 4 脱离啮合，齿轮 1 与齿轮 2 啮合，齿轮 3 与齿轮 4 啮合，此时齿轮 1 与齿轮 4 转向相反。

显然，中间齿轮 2 和 3 既是前一齿轮 1 的从动轮，又是

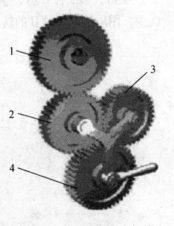

图 5-11 三星齿轮变向机构

后一齿轮 4 的主动轮，在轮系中，把这样的齿轮称为惰轮。惰轮具有不改变传动比大小，但可改变从动轮转向的作用。加奇数个惰轮，主动轮与从动轮转向一致；加偶数个惰轮，主动轮与从动轮转向相反。惰轮常用于传动距离较远和需要改变转向的场合。

5.3　定轴轮系转速的计算

？思考

观察图 5-9 所示的平面定轴轮系，如果已知齿轮 1 的转速 n_1 和各轮的齿数，那么如何计算任意从动轮（轴）的转速呢？

5.3.1　定轴轮系任意从动轮转速的计算

已知主动轮转速，根据定轴轮系传动比的计算公式，不但可以求出定轴轮系中末轮（轴）的转速，还可以计算出轮系中任意从动轮（轴）的转速。任意从动轮转速的计算公式为

$$n_k = \frac{n_1}{i_{1k}} = n_1 \frac{z_1 z_2 z_3 \cdots z_{k-1}}{z_2 z_4 z_5 \cdots z_k} = n_1 \frac{k\,轮前所有主动轮齿数的连乘积}{k\,轮前（含\,k\,轮）所有从动轮齿数的连乘积}$$

【例 5-3】　在图 5-9 所示的平面定轴轮系中，若已知齿轮 1 的转速 $n_1 = 1440\text{r/min}$，各轮齿数 $z_1 = 20$，$z_2 = 30$，$z_3 = 25$，$z_4 = 40$，$z_5 = 1$，$z_6 = 40$，试计算轴Ⅳ的转速。

解

$$n_{Ⅳ} = n_1 \times \frac{z_1}{z_2} \times \frac{z_3}{z_4} \times \frac{z_5}{z_6}$$

$$n_{Ⅳ} = 1440 \times \frac{20}{30} \times \frac{25}{40} \times \frac{1}{40} = 15\,（\text{r/min}）$$

【例 5-4】　在图 5-12 所示的带滑移齿轮的定轴轮系中，主动轴Ⅰ上采用一个三联滑移齿轮，若已知轴Ⅰ的转速 $n_1 = 600\text{r/min}$，$z_1 = 28$，$z_2 = 56$，$z_3 = 52$，$z_4 = 56$，$z_6 = 30$，$z_5 = z_8 = 25$，$z_7 = 60$，求从动轴Ⅲ有几种转速？最快转速、最慢转速各是多少？图示情况下轴Ⅱ的转速是多少？

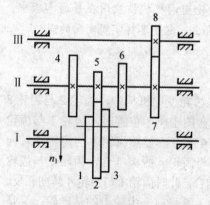

图 5-12　带滑移齿轮的定轴轮系

解 该定轴轮系的传动路线如下：

$$主动轴 \ I(n_1) \rightarrow \begin{cases} \dfrac{z_3}{z_6} \\[2mm] \dfrac{z_2}{z_5} \rightarrow 轴II\dfrac{z_7}{z_8} \rightarrow 轴III \\[2mm] \dfrac{z_1}{z_4} \end{cases}$$

轴III共可获得 3×1=3 种转速。

$$n_{\text{IIImax}} = n_1 \times \frac{z_2}{z_5} \times \frac{z_7}{z_8} = 600 \times \frac{56}{25} \times \frac{60}{25} = 3226 \ (\text{r/min})$$

$$n_{\text{IIImin}} = n_1 \times \frac{z_1}{z_4} \times \frac{z_7}{z_8} = 600 \times \frac{28}{56} \times \frac{60}{25} = 720 \ (\text{r/min})$$

$$n_{\text{II图示}} = n_1 \times \frac{z_3}{z_6} = 600 \times \frac{52}{30} = 1040 \ (\text{r/min})$$

从动轴共可获得 3 种转速，最快转速为 3226r/min，最慢转速为 720r/min，图示情况下轴II的转速为 1040r/min。

思考

图 5-13 所示为简易机床溜板箱传动机构。这是定轴轮系末端带有移动件的情况，一般要计算末端移动件的移动距离或移动速度。那么，如何计算末端螺母移动的移动距离呢？

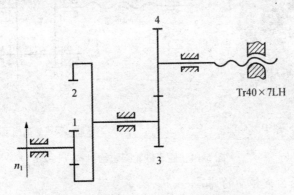

图 5-13 简易机床溜板箱传动机构简图

5.3.2 定轴轮系末端移动件移动距离及移动速度的计算

1. 末端是螺旋传动的计算

在轮系中，若末端是螺旋传动，则螺母的移动距离 L 等于螺杆的转数与螺杆导程的乘积。螺母移动速度的大小等于螺杆的转速与螺杆导程的乘积，可用下式计算：

$$L = N_{\text{末}} \cdot P_{\text{h}} = N_1 \frac{\text{所有主动轮齿数连乘积}}{\text{所有从动轮齿数连乘积}} P_{\text{h}} \text{（mm）}$$

$$v = n_{\text{末}} \cdot P_{\text{h}} = n_1 \frac{\text{所有主动轮齿数连乘积}}{\text{所有从动轮齿数连乘积}} P_{\text{h}} \text{（mm/min）}$$

式中，N_1——主动轴转动的转数（r）；

$\quad\quad n_1$——主动轴的转速（r/min）；

$\quad\quad P_{\text{h}}$——螺杆（母）的导程（mm）。

【例5-5】 图 5-14 所示为磨床砂轮架进给机构，它的末端是螺旋传动。已知 $z_1 = 28$，$z_2 = 56$，$z_3 = 38$，$z_4 = 57$，丝杠为 Tr50×3 的螺纹。当手轮按图示方向以 $n_1 = 50\text{r/min}$ 回转时，试计算手轮回转 1 周，砂轮架移动的距离 L 和砂轮架的移动速度 v，并分析移动方向。

解 手轮回转 1 周，砂轮架移动的距离 L 计算如下：

$$L = N_1 \frac{z_1 z_3}{z_2 z_4} P_{\text{h}} = 1 \times \frac{28 \times 38}{56 \times 57} \times 3 = 1 \text{（mm）}$$

当 $n_1 = 50\text{r/min}$ 时，砂轮架的移动速度为

$$v = n_1 \frac{z_1 z_3}{z_2 z_4} P_{\text{h}} = 50 \times \frac{28 \times 38}{56 \times 57} \times 3 = 50 \text{（mm/min）}$$

因丝杠为右旋，所以砂轮架向右移动，如图 5-14（b）所示。

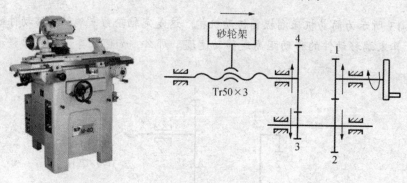

（a）外圆磨床实物图 　　　　（b）磨床砂轮架进给机构运动简图

图 5-14　磨床砂轮架进给机构

2. 末端是齿轮齿条传动的计算

轮系末端是齿轮齿条传动时，其移动距离和移动速度的计算公式分别为

$$L = N_{\text{末}} \pi m z_{\text{末}} = N_1 \frac{\text{所有主动轮齿数连乘积}}{\text{所有从动轮齿数连乘积}} \pi m z_{\text{末}} \text{（mm）}$$

$$v = n_{\text{末}} \pi m z_{\text{末}} = n_1 \frac{\text{所有主动轮齿数连乘积}}{\text{所有从动轮齿数连乘积}} \pi m z_{\text{末}} \text{（mm/min）}$$

式中　N_1——主动轴转动的转数（r）；

　　　n_1——主动轴的转速（r/min）；

　　　m——与齿条啮合的齿轮的模数（mm）；

　　　$z_末$——与齿条啮合的齿轮的齿数。

【例 5-6】　图 5-15 所示为普通车床溜板箱传动系统，末端是齿轮齿条传动。已知 $z_1=2$ 且右旋，$z_2=30$，$z_3=24$，$z_4=50$，$z_5=23$，$z_6=69$，$z_7=15$，$z_8=12$，$m_8=3\text{mm}$，若 $n_1=40\text{r/min}$，转向如图 5-15（b）所示，求齿条的移动速度及移动方向。

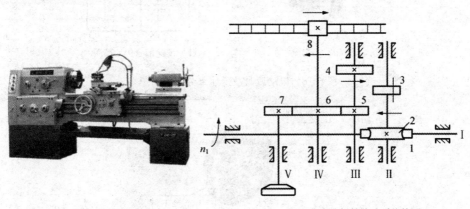

（a）普通车床实物图　　　　　　　　（b）车床溜板箱传动系统简图

图 5-15　普通车床溜板箱传动系统

解　齿条的移动速度计算如下：

$$v = n_1 \frac{z_1 z_3 z_5}{z_2 z_4 z_6} \pi m z_8 = 40 \times \frac{2 \times 24 \times 23}{30 \times 50 \times 69} \times 3.14 \times 3 \times 12 \approx 48.2\ (\text{mm/min})$$

用画箭头法判断，齿条向右方移动，如图 5-15（b）所示。

5.4　周转轮系传动比的计算

？思考

图 5-16 所示的电动旋具，广泛应用于机械加工和维修之中。该工具的传动系统采用周转轮系，用来将输入轴的高转速转化为输出轴的低转速。那么，周转轮系为什么能满足工作要求呢？

5.4.1　周转轮系的组成与分类

1. 周转轮系的组成

图 5-17 所示的周转轮系由中心轮、行星轮和行星架（或称系杆）3 种基本构件组

成。其基本构件和运动特性如表 5-3 所示。

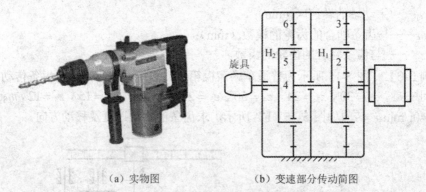

（a）实物图　　　　　　　　（b）变速部分传动简图

图 5-16　电动旋具及变速部分传动简图

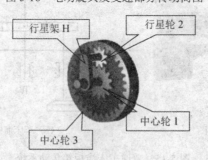

图 5-17　周转轮系的组成

表 5-3　周转轮系的基本构件和运动特性

基本构件	运动特性	表示方法	实例说明
中心轮	具有几何轴线位置固定的齿轮	用 K 表示	图 5-17 中的中心轮 1、中心轮 3
行星架	支撑行星轮自转，并带动行星轮做公转的构件	用 H 表示	图 5-17 中的构件 H
行星轮	几何轴线绕中心轮轴线回转的齿轮		图 5-17 中的行星轮 2

　　在实际机械中采用最多的是 2K—H 型周转轮系，它由两个中心轮（2K）和一个行星架（H）组成。在结构上，中心轮和系杆的轴线必须共线，否则轮系无法运动。

　　定轴轮系和周转轮系的区别在于是否有转动着的系杆。有转动着的系杆时为周转轮系，否则为定轴轮系。

　　2. 周转轮系的分类

　　按中心轮是否固定，周转轮系分为行星轮系和差动轮系两类。

　　中心轮的转速都不为零的周转轮系称为差动轮系；有一个中心轮的转速为零的周转轮系称为行星轮系。

5.4.2 周转轮系传动比的计算

在周转轮系中，由于行星轮的运动不是绕固定轴线的简单运动，因此，不能直接用求解定轴轮系传动比的方法来计算传动比。对于周转轮系的传动比，要按转化轮系法计算，即将周转轮系转化成定轴轮系，从而求出传动比。

根据相对运动原理，假想对整个周转轮系加上一个与 n_H 大小相等而方向相反的公共转速 $-n_H$，则行星架被固定，而原构件之间的相对运动关系保持不变。

这样，原来的周转轮系就转化成了假想的定轴轮系，如图 5-18 所示。经过一定条件转化得到的假想定轴轮系，称为原周转轮系的转化轮系。转化轮系中各构件转速的变化情况如表 5-4 所示。

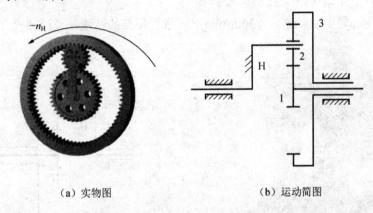

| （a）实物图 | （b）运动简图 |

图 5-18　轮系的转化

表 5-4　转化轮系中各构件转速的变化情况

构件名称	原来的转速	转化轮系中的转速
中心轮 1	n_1	$n_1^H = n_1 - n_H$
行星轮 2	n_2	$n_2^H = n_2 - n_H$
中心轮 3	n_3	$n_3^H = n_3 - n_H$
行星架（系杆）H	n_H	$n_H^H = n_H - n_H = 0$

在图 5-18（b）所示的转化轮系中，利用定轴轮系传动比的计算方法，可求出转化轮系的传动比为

$$i_{13}^H = \frac{n_1^H}{n_3^H} = \frac{n_1 - n_H}{n_3 - n_H} = (-1)^1 \times \frac{z_2 z_3}{z_1 z_2} = -\frac{z_3}{z_1}$$

计算结果为负值，表示齿轮 1 与齿轮 3 的转向相反。

同理，当周转轮系中两个中心轮分别为 1 和 k，系杆为 H 时，其转化机构的传动比可表示为

$$i_{1k}^H = \frac{n_1^H}{n_k^H} = \frac{n_1 - n_H}{n_k - n_H} = \pm\frac{z_2 \cdots z_k}{z_1 \cdots z_{k-1}}$$

这里需要指出的是，上述公式只适用于输入轴、输出轴轴线与行星架 H 的回转轴线重合或平行时的情况；对于由锥齿轮组成的行星轮系，当两中心轮和行星架的轴线互相平行时，仍可用转化轮系法来建立转速关系式，但应按画箭头的方法来确定方向；将已知转速代入公式计算时，要连同"+""-"号代入计算。

设定某一方向为正，另一反方向则代入负号。若求得的转速为正，说明与设定的正方向一致；反之，则与设定的正方向相反。

【例 5-7】 在图 5-19 所示的行星轮系中，已知 $z_1 = 25$，$z_2 = 20$，$z_3 = 125$，中心轮 3 固定不动。试求：

（1）该行星轮系传动比 i_{1H} 为多少？

（2）当中心轮 1 的转速 $n_1 = 300\text{r/min}$ 时，求行星架的转速 n_H 为多少？

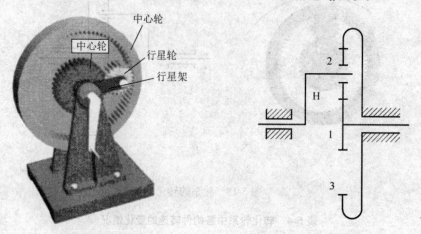

（a）实物图　　　　　　　　　　　　　　　　　　（b）运动简图

图 5-19　行星轮系

解　由 $i_{13}^H = \dfrac{n_1^H}{n_3^H} = \dfrac{n_1 - n_H}{n_3 - n_H} = (-1)^1 \times \left(\dfrac{z_2 z_3}{z_1 z_2}\right) = -\dfrac{z_3}{z_1}$ 可得

$$\frac{n_1 - n_H}{n_3 - n_H} = -\frac{z_3}{z_1}$$

当 $n_3 = 0$ 时，可得

$$\frac{n_1 - n_H}{-n_H} = 1 - \frac{n_1}{n_H} = -\frac{z_3}{z_1}$$

$$i_{1H} = \frac{n_1}{n_H} = 1 + \frac{z_3}{z_1} = 1 + \frac{125}{25} = 6$$

当 $n_1 = 300\text{r/min}$ 时，可得

$$n_H = \frac{n_1}{i_{1H}} = \frac{300}{6} = 50 \, (\text{r/min})$$

5.4.3 周转轮系的应用特点

周转轮系在各种机械中得到了广泛的应用，其应用特点如表 5-5 所示。

表 5-5 周转轮系的应用特点

特点	图例	举例说明
实现大传动比的高速传动	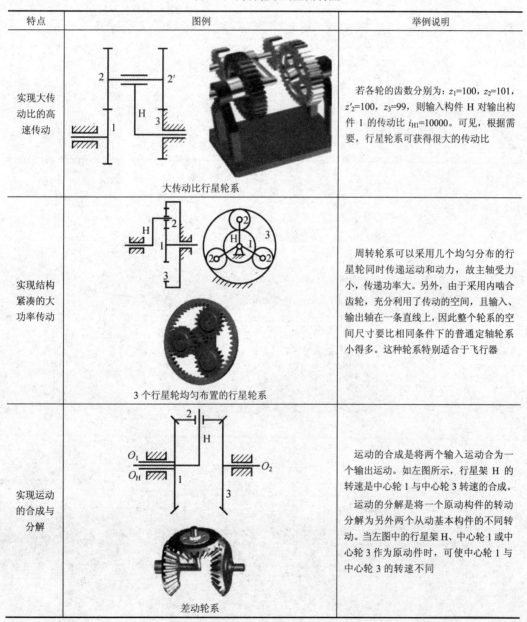 大传动比行星轮系	若各轮的齿数分别为：$z_1=100$，$z_2=101$，$z'_2=100$，$z_3=99$，则输入构件 H 对输出构件 1 的传动比 $i_{H1}=10000$。可见，根据需要，行星轮系可获得很大的传动比
实现结构紧凑的大功率传动	3 个行星轮均匀布置的行星轮系	周转轮系可以采用几个均匀分布的行星轮同时传递运动和动力，故主轴受力小，传递功率大。另外，由于采用内啮合齿轮，充分利用了传动的空间，且输入、输出轴在一条直线上，因此整个轮系的空间尺寸要比相同条件下的普通定轴轮系小得多。这种轮系特别适合于飞行器
实现运动的合成与分解	差动轮系	运动的合成是将两个输入运动合为一个输出运动。如左图所示，行星架 H 的转速是中心轮 1 与中心轮 3 转速的合成。 运动的分解是将一个原动构件的转动分解为另外两个从动基本构件的不同转动。当左图中的行星架 H、中心轮 1 或中心轮 3 作为原动件时，可使中心轮 1 与中心轮 3 的转速不同

第二篇　常用机构

　　各种机械中经常使用的机构称为常用机构，如平面连杆机构、凸轮机构等。这些机构在机器中的主要作用是传递运动和动力，实现运动形式或速度的变化。

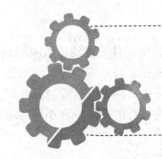

第6章　平面连杆机构

在机械中，机构是机器的重要组成部分。无论是在生活中，还是在生产中，各种各样的机构都在为人们的生活和工作服务，如缝纫机、装载机、港口起重机、汽车和火车等，这些机械中都应用了平面连杆机构。

本章主要介绍机构中的运动副和平面连杆机构中的铰链四杆机构的基本类型、应用特点及其演化形式的应用等内容。

6.1　平面机构及其运动副

？思考

观察图6-1（a）所示的港口用起重机、图6-1（b）所示的家用缝纫机，在实际生产和生活中被广泛应用。想一想，它们有哪些共同的特点呢？

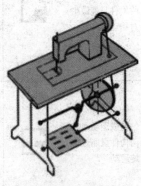

（a）港口用起重机　　　　　　　　　　　　（b）家用缝纫机

图6-1　常用平面机构

机构是具有确定相对运动的构件系统，其组成要素为构件和运动副。按照机构中各构件的运动范围，可以将机构分为平面机构和空间机构两大类。若组成机构的所有构件在同一平面或互相平行的平面内运动，则称该机构为平面机构，否则称为空间机构。

6.1.1 运动副

机构的重要特征是各个构件有确定的运动，因此必须对各个构件的运动加以限制。在机构中每个构件以一定的方式来与其他的构件相互接触，两者之间形成一种可动的连接，从而使两个相互接触的构件之间的相对运动受到限制。这种两构件直接接触且能产生一定形式相对运动的可动连接，称为运动副。按运动副中两构件的接触形式不同，运动副可分为低副和高副两大类。

1. 低副

低副是指两构件以面接触的运动副。按两构件的相对运动形式不同，低副分为转动副、移动副和螺旋副。低副的类型及应用如表6-1所示。

表6-1 低副的类型及应用

类型	说明	应用图例
转动副	组成运动副的两构件只能做相对转动	
移动副	组成运动副的两构件只能做相对移动	
螺旋副	组成运动副的两构件只能做螺旋运动	

2. 高副

高副是指两构件以点或线接触的运动副。例如，图6-2（a）所示为齿轮啮合线接触的高副，图6-2（b）所示为凸轮机构点接触的高副。

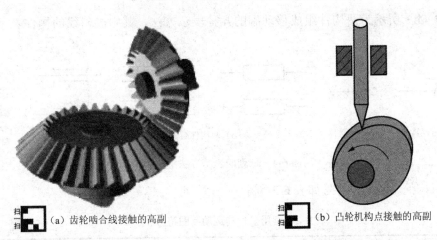

扫一扫（a）齿轮啮合线接触的高副　　　　扫一扫（b）凸轮机构点接触的高副

图 6-2　高副机构

3. 运动副的应用特点

（1）低副的特点。承受载荷时的单位面积压力较小，承载能力大，但摩擦损失大，效率低，不能传递较复杂的运动。

（2）高副的特点。承受载荷时的单位面积压力较大，承载能力低，接触处易磨损，但能传递较复杂的运动。

4. 低副机构与高副机构

机构中所有运动副均为低副的机构称为低副机构，机构中至少有一个运动副是高副的机构称为高副机构。

6.1.2　机构运动简图

在分析机构运动时，实际构件的外形和结构往往很复杂。为简化问题，在工程上通常不考虑与运动无关的构件外形和运动副的具体构造，仅用规定的符号来表示机构中的构件和运动副，并按一定的比例画出各运动副的相对位置及它们相对运动关系的图形。这种表示机构各构件间相对运动关系的简明图形，称为机构运动简图，如图 6-3 所示。

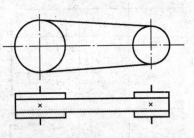

图 6-3　机构运动简图

机构运动简图所表示的主要内容包括运动副的类型和数目、构件的数目、运动尺寸和机构的类型。利用机构运动简图可以表达一部复杂机器的传动原理，可以进行机构的运动分析和受力分析。

图 6-4（a）所示为两个构件组成转动副的几种情况的表示方法，转动副用小圆圈表示。如果两构件之一为固定件（机架），则在固定件上画上斜线。

图 6-4（b）所示为两构件组成移动副的几种表示方法，其中画斜线的构件表示固定件。

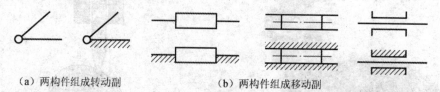

（a）两构件组成转动副　　　　　　　　（b）两构件组成移动副

图 6-4　低副的表示方法

常用机构的运动简图符号如表 6-2 所示。

表 6-2　常用机构的运动简图符号

名称	简图符号	名称	简图符号
在支架上的电动机		齿轮齿条传动	
带传动		圆锥齿轮传动	
链传动		圆柱蜗轮蜗杆传动	
外啮合圆柱齿轮传动		凸轮机构	
内啮合圆柱齿轮传动		棘轮机构	

6.2　铰链四杆机构的基本类型与应用

？思考

观察图 6-5 所示的手动抽水机和汽车自卸装置，在实际生产和生活中减轻了人们的劳动。它们都采用了不同类型的平面连杆机构。那么，它们是如何构成的呢？

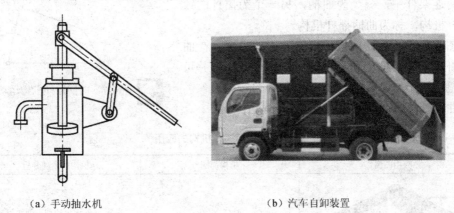

（a）手动抽水机　　　　　　　　　（b）汽车自卸装置

图 6-5　平面连杆机构的应用

将若干刚性构件用转动副或移动副连接组成的平面机构，称为平面连杆机构。在机械设备中，平面连杆机构构件的形状多种多样，但从运动原理来看，均可用等效的杆状构件来代替。例如，装载机、港口用起重机、家用缝纫机等，都应用了平面连杆机构。

6.2.1　平面连杆机构

平面连杆机构常以其组成的杆件数来命名，由 4 个构件组成的平面连杆机构称为平面四杆机构。平面四杆机构中 4 根杆件均用转动副连接的机构称为铰链四杆机构，如图 6-6 所示。图中，固定不动的构件 4 称为机架（又称静件），与机架直接相连的构件 1、构件 3 称为连架杆，不直接与机架相连的杆 2 称为连杆。连架杆按其运动特征可分成曲柄和摇杆两种：连架杆中能做整圈旋转的构件称为曲柄；连架杆中只能做往复摆动的构件称为摇杆。

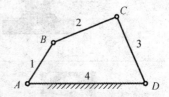

图 6-6　铰链四杆机构运动简图

？思考

观察图 6-6 所示的铰链四杆机构，想一想，如果将其他的杆件作为机架，那么两个连架杆的运动形式会有怎样的变化呢?

6.2.2　铰链四杆机构

铰链四杆机构根据连架杆的运动形式不同,可分为曲柄摇杆机构、双曲柄机构和双摇杆机构 3 种基本类型。

1. 曲柄摇杆机构

两连架杆中,一个为曲柄,另一个为摇杆的铰链四杆机构,称为曲柄摇杆机构。

图 6-7 所示为曲柄摇杆机构的运动简图。在曲柄摇杆机构中,曲柄和摇杆均可作为主动件,并可实现整周回转与往复摆动之间运动形式的转换。

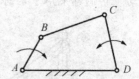

曲柄摇杆机构的应用如表 6-3 所示。

 图 6-7　曲柄摇杆机构运动简图

表 6-3　曲柄摇杆机构的应用

应用图例	机构简图	机构的运动分析
剪板机		曲柄 AB 连续转动,通过连杆 BC 带动摇杆 CD 做往复摆动,摇杆延伸端实现剪板机上刃口的开合剪切动作
搅拌机		曲柄 AB 连续转动,通过连杆 BC 带动摇杆 CD 做往复摆动,摇杆延伸端实现搅拌动作
缝纫机踏板机构		以摇杆 CD(踏板)为主动件,摇杆的往复摆动,通过连杆 BC,使曲柄 AB(相当于带轮)做圆周运动

2. 双曲柄机构

两个连架杆均为曲柄的铰链四杆机构称为双曲柄机构。常见的双曲柄机构类型如表 6-4 所示，双曲柄机构的应用如表 6-5 所示。

表 6-4　常见的双曲柄机构的类型

类型	图示	说明
不等长双曲柄机构		两曲柄长度不等
平行双曲柄机构		连杆与机架的长度相等且两曲柄长度相等，转向相同
反向双曲柄机构		连杆与机架的长度相等且两曲柄长度相等，转向相反

表 6-5　双曲柄机构的应用

图例	机构简图	机构运动分析
惯性筛		当曲柄 AB 做等角速度转动时，另一曲柄 CD 做变角速度转动，再通过构件 CE 使筛子产生变速直线运动，依靠物料的惯性来达到筛分的目的
机车主动轮驱动装置		利用平行双曲柄机构中两曲柄的转向和角速度均相同的特性，保证各轮一同转动。这里增设了一个曲柄 EF 的辅助构件，以防止平行双曲柄机构变为反向双曲柄机构

续表

图例	机构简图	机构运动分析
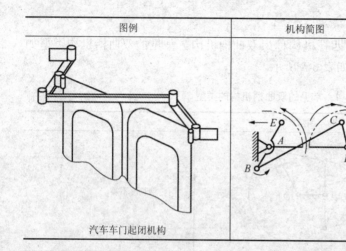 汽车车门起闭机构		利用反向双曲柄机构中两曲柄的转向相反、角速度不相同的特性，当主动曲柄 *AB* 转动时，通过连杆 *BC* 使从动曲柄 *CD* 朝反向转动，从而保证两扇车门同时开启或关闭

3. 双摇杆机构

两个连架杆均为摇杆的铰链四杆机构称为双摇杆机构，如图 6-8 所示。

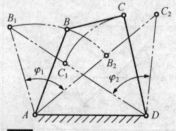

图 6-8　双摇杆机构

在双摇杆机构中，两摇杆可以分别作为主动件。双摇杆机构的应用如表 6-6 所示。

表 6-6　双摇杆机构的应用

应用图例	机构简图	机构的运动分析
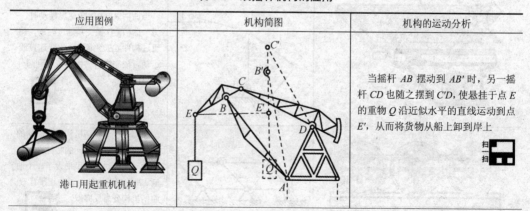 港口用起重机机构		当摇杆 *AB* 摆动到 *AB'* 时，另一摇杆 *CD* 也随之摆到 *C'D*，使悬挂于点 *E* 的重物 *Q* 沿近似水平的直线运动到点 *E'*，从而将货物从船上卸到岸上

续表

应用图例	机构简图	机构的运动分析
电风扇摇头机构		电动机安装在摇杆 *AB* 上，铰链 *B* 处有一个固连于连杆 *BC* 的蜗轮。电动机输出轴蜗杆带动蜗轮，迫使连杆 *BC* 绕点 *B* 做回转运动，带动两摇杆 *AB* 和 *CD* 做往复摆动，实现电风扇的摇头动作

6.3 铰链四杆机构的基本性质

？思考

现在我们来进一步观察图 6-7 所示的曲柄摇杆机构，两个连架杆中最短杆 *AB* 能做整周转动而为曲柄，此时杆 *AD* 为机架；但如果把 *CD* 杆固定为机架，机构中就不存在曲柄，为什么呢？

6.3.1 曲柄存在的条件

曲柄是用电动机等连续转动的装置来带动的，在机构中占有重要的地位，是机构中的关键构件。

铰链四杆机构中是否存在曲柄，主要取决于机构中各杆件的相对长度和机架的选择。要使铰链四杆机构中存在曲柄，必须同时满足以下两个条件。

（1）最短杆与最长杆的长度之和小于或等于其余两杆长度之和。

（2）连架杆和机架中必有一杆是最短杆。

根据曲柄存在的条件，可以推出铰链四杆机构 3 种基本类型的判别方法，如表 6-7 所示。

表 6-7　铰链四杆机构 3 种基本类型的判断方法

杆长条件： 最短杆与最长杆长度之和小于或等于其余两杆长度之和。 即 $l_{a\,min} + L_{d\,max} \leq L_b + L_c$		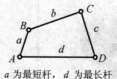 a 为最短杆，d 为最长杆
曲柄摇杆机构	最短杆的相邻杆之一为机架	
双曲柄机构	最短杆为机架	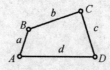
双摇杆机构	最短杆相对的杆为机架	
杆长条件： 最短杆与最长杆长度之和大于其余两杆长度之和，即 $L_{a\,min} + L_{d\,max} > L_b + L_c$ 时，无论哪一杆为机架，机构都只能获得双摇杆机构		a 为最短杆，d 为最长杆

【例 6-1】　铰链四杆机构各杆的长度如图 6-9 所示。试判断各铰链四杆机构的类型。

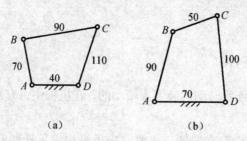

（a）　　　　　（b）

图 6-9　判断铰链四杆机构的类型

解　在图 6-9（a）中，由于 $L_{AD} + L_{CD} = 40 + 110 = 150$，$L_{AB} + L_{BC} = 70 + 90 = 160$
可得

$$L_{AD} + L_{CD} < L_{AB} + L_{BC}$$

又因为 AD 为机架，且为最短杆，根据铰链四杆机构类型的判断方法可知，该机构为双曲柄机构。

解　在图 6-9（b）中，由于 $L_{BC} + L_{CD} = 50 + 100 = 150$，$L_{AB} + L_{AD} = 90 + 70 = 160$

可得
$$L_{BC} + L_{CD} > L_{AB} + L_{AD}$$

又因为 AD 杆为机架,根据铰链四杆机构类型的判断方法可知,该机构为双摇杆机构。

【例 6-2】　铰链四杆机构各杆的长度如图 6-10 所示。欲使该机构成为双曲柄机构,试确定杆 BC 的取值范围。

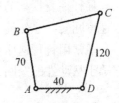

图 6-10　铰链四杆机构
各杆的长度

解　已知 AD 杆为机架,欲使该机构成为双曲柄机构,则应满足下列条件。

（1）BC 杆为最长杆时,由于 $L_{AD} + L_{BC} \le L_{AB} + L_{CD}$ 可得
$$40 + L_{BC} \le 70 + 120$$
因此
$$L_{BC} \le 150$$

（2）CD 杆为最长杆时,由于 $L_{AD} + L_{CD} \le L_{AB} + L_{BC}$ 可得
$$40 + 120 \le 70 + L_{BC}$$
因此
$$L_{BC} \ge 90$$

BC 杆的取值范围为 $90 \le L_{BC} \le 150$。

？思考

现在我们再观察图 6-7 所示的曲柄摇杆机构的运动情况,当曲柄为主动件做匀速转动时,摇杆做往复摆动。那么,摇杆往复摆动的速度大小相同吗?

6.3.2　急回特性

图 6-11 所示的曲柄摇杆机构中,设曲柄 AB 为原动件,曲柄每转一周,有两个位置与连杆共线,这时摇杆分别位于两个极限位置 C_1D 和 C_2D,其夹角为 ψ。曲柄摇杆机构的这两个位置称为极位。当摇杆处在两个极位时,原动件 AB 的两个位置 AB_1 和 AB_2 所夹的锐角 θ 称为极位夹角。此时摇杆两位置的夹角 ψ 称为摇杆最大摆角。

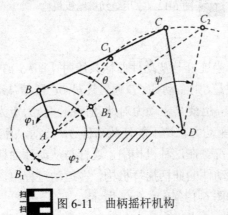

图 6-11　曲柄摇杆机构

当曲柄从 B_1 以等角速度 ω 顺时针转过 $\varphi_1 = 180° + \theta$ 到达 B_2 时，摇杆由位置 C_1D 运动到 C_2D，当曲柄继续转过 $\varphi_2 = 180° - \theta$ 时，摇杆又从 C_2D 摆回到 C_1D。

摇杆往复摆动的摆角虽然均为 ψ，但对应的曲柄转角不同，$\varphi_1 > \varphi_2$，而曲柄是做等角速度回转，显然摇杆往复摆动的平均速度 $v_2 > v_1$，也就是回程速度快。

通常用行程速比系数（又称行程速度变化系数）K 衡量机构急回运动的急回程度，它等于从动件的空回行程的平均速度与从动件工作行程的平均速度的比值，即

$$K = \frac{v_2}{v_1} = \frac{\dfrac{C_2C_1}{t_2}}{\dfrac{C_1C_2}{t_1}} = \frac{t_1}{t_2} = \frac{\varphi_1}{\varphi_2} = \frac{180° + \theta}{180° - \theta}$$

由上式可以看出，当曲柄摇杆机构有极位夹角 θ 时，机构就有急回运动特性，且 θ 角越大，K 值就越大，机构的急回特性就越显著。当 $\theta = 0$ 时，则 $K = 1$，机构无急回特性。可以利用机构的急回特性缩短非工作时间，提高生产效率。例如，牛头刨床退刀速度明显大于其工作速度，就是利用了铰链四杆机构的急回特性。

？思考

你用过缝纫机吗？请观察图 6-12 所示的家用缝纫机踏板机构，使用中如果操作不当，缝纫机会出现"卡死"现象，此时将飞轮转动一下便可解决。那么，为什么会出现这种现象呢？

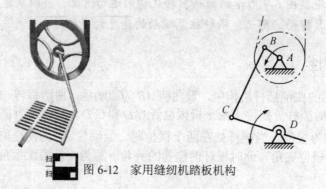

图 6-12　家用缝纫机踏板机构

6.3.3　死点位置

在铰链四杆机构中，当连杆与从动件曲柄共线时［图 6-13（a）］，如果不计各运动副中的摩擦和各杆件的质量，则主动件 CD 通过连杆 BC 传给从动件 AB 的驱动力必通过从动件曲柄铰链的中心 A，也就是驱动力对从动件的回转力矩为零［图 6-13（b）、（c）］。此时无论 CD 施加多大的驱动力，均不能使从动件 AB 转动，且会由于偶然外力的影响，可能出现转向不确定的情况。在这种机构中，连杆与从动件曲柄共线时的位置，称为死点位置。对于以摇杆为主动件的曲柄摇杆机构，在运动过程中，从动曲柄与连杆两次共线，有两个死点位置，如图 6-13（b）、（c）所示。

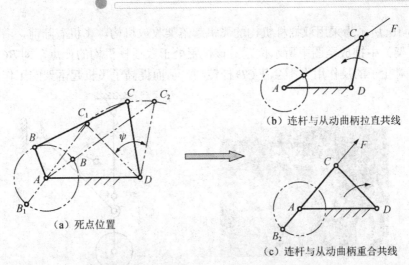

（a）死点位置

（b）连杆与从动曲柄拉直共线

（c）连杆与从动曲柄重合共线

图 6-13　曲柄摇杆机构的死点位置

　　机构中的死点对于传动是不利的，常利用从动件的质量惯性（加飞轮）来克服死点。缝纫机的踏板机构、单缸内燃机中的曲柄滑块机构，就是利用飞轮的惯性通过死点位置的，如图 6-14 所示。

飞轮

图 6-14　利用飞轮惯性克服机构的死点位置

　　在工程上，也有利用死点位置的特性来实现某些工作要求。图 6-15 所示为一种钻床连杆式快速夹具。当工件被夹紧后，BCD 成一直线，机构处于死点位置，在外力 F 撤销之后，工件对连架杆（摇杆）AB 的弹力 F_n 即使很大，夹具也不会自动松脱。

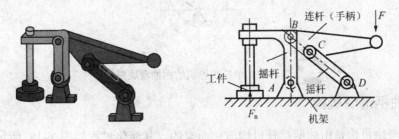

连杆（手柄）
工件
摇杆
摇杆
机架

图 6-15　钻床连杆式快速夹具

图 6-16 所示为采用双摇杆机构的飞机起落架收放机构。飞机着陆前，着陆轮须从机翼（机架）中推放至图中所示位置，该位置处于双摇杆机构的死点，即 BC 与 CD 共线，地面对轮子的反作用力不会使 CD 杆转动，从而提高了飞机起落架的工作可靠性。

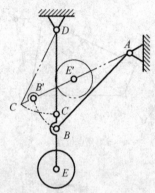

图 6-16　飞机起落架机构

6.4　铰链四杆机构的演化及应用

❓思考

在机械设备中，平面连杆机构的形式是多种多样的，但其中绝大多数是在铰链四杆机构的基础上发展和演化而成的。观察图 6-17 所示的单缸内燃机的曲柄滑块机构，它是怎样由铰链四杆机构演化而来的呢？

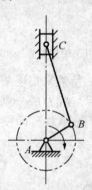

图 6-17　单缸内燃机的曲柄滑块机构

6.4.1　曲柄滑块机构

曲柄滑块机构是由曲柄摇杆机构演化而来的，其演化过程如图 6-18 所示。在曲柄摇杆机构中，如果将摇杆 CD 的长度逐渐加大，C 点的运动轨迹就会越来越平直，当其长度变为无穷大时，C 点的轨迹将由曲线变为直线，此时，摇杆变成了沿导轨往复运动的滑块，曲柄摇杆机构即转变成曲柄滑块机构。

在曲柄滑块机构中，当偏心距 $e=0$ 时，转化为对心式曲柄滑块机构，其滑块的行程 $H=2r$（r 为曲柄的长度），如图 6-18（d）所示。

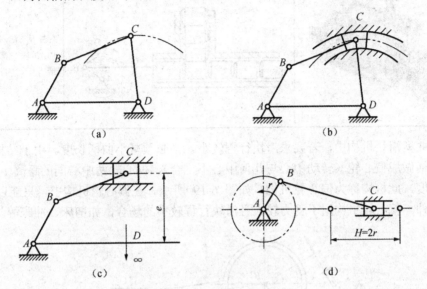

图 6-18 曲柄滑块机构的演化过程

曲柄滑块机构的应用如表 6-8 所示。

表 6-8 曲柄滑块机构的应用

应用实例	运动简图	运动特点
搓丝机	活动搓丝板 连杆 曲柄 C B A 固定搓丝板 工件	螺纹搓丝机工作时，曲柄绕点 A 转动，通过连杆带动活动搓丝板往复移动，放在固定搓丝板和活动搓丝板之间的工件表面就被搓出了螺纹
冲压机	A B C	曲轴（即曲柄）的旋转运动转换成冲头（即滑块）的上下往复直线运动，完成对工件的压力加工

续表

应用实例	运动简图	运动特点
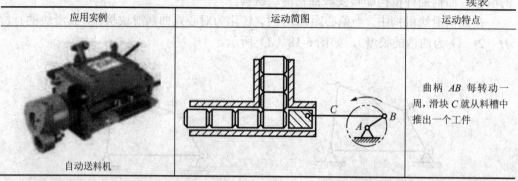 自动送料机		曲柄 AB 每转动一周，滑块 C 就从料槽中推出一个工件

在曲柄滑块机构中，若要求滑块行程较小，则必须减小曲柄长度。由于结构需要，常将曲柄做成偏心轮（转动中心与几何中心不重合），偏心轮两中心间的距离 e 等于曲柄的长度，此机构称为偏心轮机构，如图 6-19 所示。在偏心轮机构中，只能以偏心轮为主动件。偏心轮机构用于受力较大且滑块行程较小的场合，如剪床、冲床等。

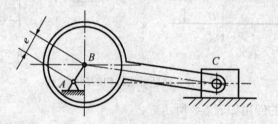

图 6-19　偏心轮机构

？思考

观察图 6-5（a）所示的手动抽水机，这种简单、方便的手动抽水机在农村很常见，这是移动导杆机构的应用。那么，这种移动导杆机构是怎样演化得到的呢？

6.4.2　导杆机构

导杆机构是由曲柄滑块机构演化而来的，选择不同构件作为机架，会得到不同类型的导杆机构，其演化过程如图 6-20 所示。演化后，在机构中与滑块做相对移动的构件称为导杆，具有导杆的机构称为导杆机构。

在图 6-20（a）所示的曲柄滑块机构中，取构件 AB 为机架，构件 BC 为主动件时，可得到导杆机构，且当 $L_{AB} < L_{BC}$ 时，该机构称为转动导杆机构；当 $L_{AB} > L_{BC}$ 时，该机构称为摆动导杆机构，如图 6-20（b）所示。

取构件 BC 为机架时，可得到曲柄摇块机构，通常主动件为构件 AB（或导杆 AC），如图 6-20（c）所示。取构件滑块为机架时，可得移动导杆机构，通常主动件为构件 AB，如图 6-20（d）所示。

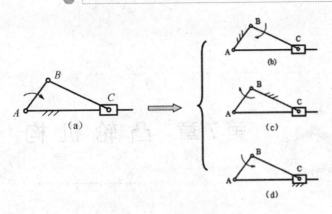

图 6-20　导杆机构的演化过程

导杆机构的应用如表 6-9 所示。

表 6-9　导杆机构的应用

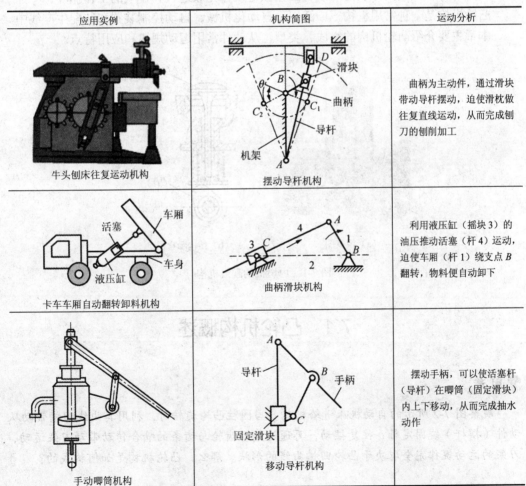

第7章 凸轮机构

在一些机械中，当要求机构严格按照预定的规律完成某一工作循环时，通常可采用凸轮机构来实现。图 7-1 所示为内燃机的配气机构，工作时凸轮做匀速回转，迫使从动件（气门）开启或关闭，从而控制气缸按预定规律完成进气和排气的工作循环。

凸轮机构是一种常用机构，广泛用于自动化机械、自动控制装置和装配生产线中。本章主要介绍凸轮机构的组成、类型、从动件常用运动规律和应用特点。

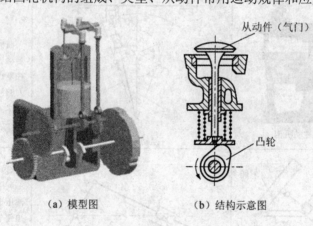

(a) 模型图　　　　　(b) 结构示意图

图 7-1　内燃机的配气机构

7.1　凸轮机构概述

？思考

观察图 7-2 所示的自动机床进给机构。当圆柱凸轮旋转时，利用其曲线凹槽带动从动件（摆杆）绕固定轴 o 往复摆动，再通过扇形齿轮与齿条的啮合传动带动刀架运动，刀架的运动规律完全取决于凸轮凹槽曲线的形状。那么，凸轮机构是如何构成的？

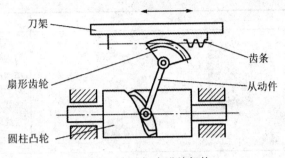

图 7-2 自动机床进给机构

7.1.1 凸轮机构的基本组成

如图 7-3 所示，凸轮机构由凸轮、从动件和机架 3 个基本构件组成。其中，凸轮是一个具有曲线轮廓或凹槽的构件，通常作为主动件并做等速回转或移动运动。凸轮机构通过高副接触使从动件得到预期的运动规律。

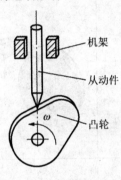

图 7-3 凸轮机构的组成

7.1.2 凸轮机构的分类、特点及应用

凸轮机构的类型很多，常见凸轮机构的类型及特点如表 7-1 所示。

表 7-1 常见凸轮机构的类型及特点

分类	类型	简图	特点
按凸轮形状分	盘形凸轮		盘形凸轮是一个绕固定轴转动并具有变化半径的盘形零件，从动件在垂直于凸轮旋转轴线的平面内运动。结构简单，应用广泛

分类	类型	简图	特点
按凸轮形状分	移动凸轮		当盘形凸轮的径向尺寸为无穷大时，凸轮相对于机架做直线运动，称为移动凸轮。当凸轮相对于机架做往复直线运动时，推动从动件在同一平面内做往复直线运动
	圆柱凸轮		圆柱凸轮是在圆柱端面上加工曲线轮廓或者在圆柱面上加工凹槽。当其转动时，可使从动件在圆柱凸轮轴线平面或与圆柱凸轮平行的平面内运动
按从动件的端部形状分	尖顶从动件		不论凸轮轮廓形状如何，尖顶总能很好地与凸轮轮廓接触，以实现预期的运动规律。但传动过程接触磨损大，故适用于轻载、低速的场合
	滚子从动件		滚子与凸轮轮廓之间为滚动摩擦，磨损小，但从动件运动规律的应用有局限性，可实现较大动力的传递，应用较广泛
	平底从动件		从动件与凸轮轮廓表面为平面接触，显然不能用于内凹轮廓的凸轮。从动件与凸轮之间形成油膜，润滑状况好，可用于高速传动中

凸轮机构的优点是结构紧凑，工作可靠，设计适当的凸轮轮廓曲线可以使从动件获得预期的运动规律。但由于它不便于润滑且易磨损，因此，一般只用在传递功率较低的场合。凸轮机构的应用如表 7-2 所示。

表 7-2　凸轮机构的应用

应用实例	机构简图	运动特点
车床靠模加工	工件 刀架 滚子 凸轮	工作时，工件回转，从动件（刀架）向左移动，同时通过滚子与凸轮（靠模板）接触，在凸轮轮廓的推动下，刀架按一定的规律做横向移动，从而切削出与靠模板曲线一致的工件
绕线机凸轮	绕线轴 摆动从动件 盘形凸轮	当绕线轴快速转动时，蜗杆带动蜗轮及与之固连的凸轮缓慢地转动。通过凸轮与从动件尖顶间的作用，驱使从动件往复摆动，从而使线均匀地绕在线轴上
自动送料机构	移动从动件　毛坯 圆柱凸轮	当带有凹槽的凸轮作等速回转时，通过槽中的滚子驱使推杆做往复移动。凸轮每转过一周，推杆即从出料器中推出一个毛坯，送到加工位置

7.2　凸轮机构的工作过程及从动件的运动规律

？思考

凸轮机构中，从动件有两种运动形式：直线移动和摆动。那么，在实际工作中，移动从动件凸轮机构中从动件遵循怎样的运动规律呢？

7.2.1　凸轮机构的工作过程

凸轮机构在工作中，从动件要始终保持与凸轮轮廓接触。在凸轮机构中最常用的运动形式是凸轮做等速回转运动，从动件做往复移动。对心式外轮廓盘形凸轮回转时，从动件做升—停—降—停的运动循环，现以此机构为例描述凸轮机构的工作过程，如表 7-3 所示。

表 7-3　凸轮机构的工作过程

运动	图示	描述
升	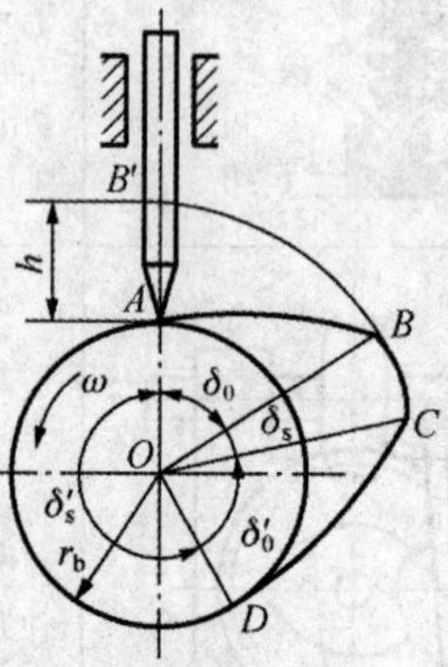	以凸轮轮廓上最小半径所作的圆称为凸轮的基圆，其半径以 r_b 表示。在图中从动件位于最低位置，它的尖端与凸轮轮廓上点 A（基圆与曲线 AB 的连接点）接触。当凸轮以等角速度 ω 逆时针转过 δ_0 时，从动件在凸轮轮廓曲线的推动下，将由点 A 被推到点 B'，即从动件由最低位置被推到最高位置，从动件运动的这一过程称为推程。凸轮转过的角度 δ_0 称为推程运动角
停	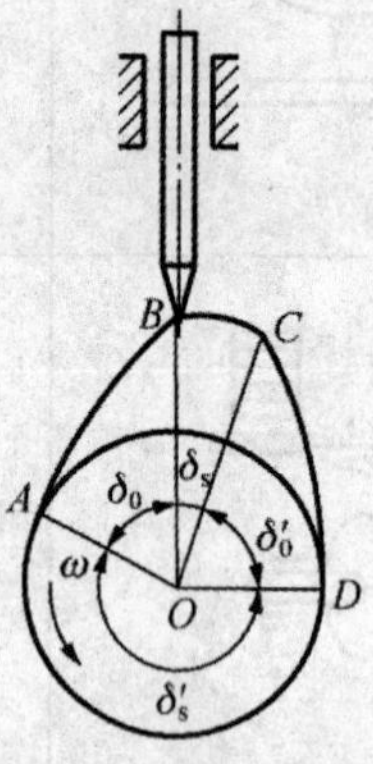	凸轮 BC 段轮廓为圆弧，故凸轮转过 δ_s 时，从动件静止不动，即从动件停在最高位置，这一过程称为远停程。凸轮转过的角度 δ_s 称为远停程角
降	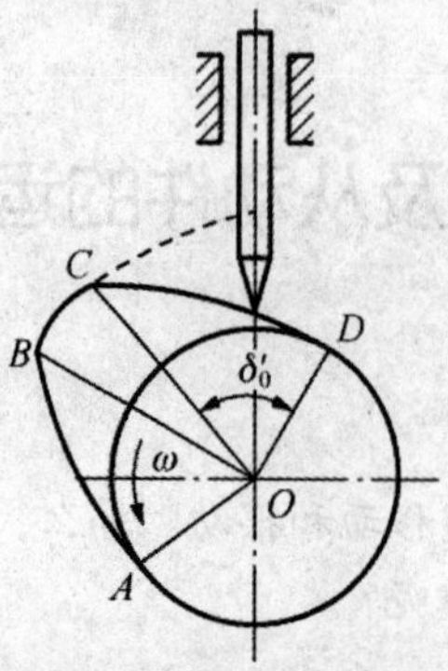	凸轮继续回转过 δ_0' 时，从动件由最高位置点 C 回到点 D，这一过程称为回程。凸轮转角 δ_0' 称为回程运动角

续表

运动	图示	描述
停	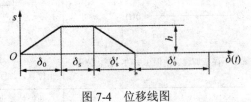	凸轮转过 δ_s' 时，从动件与凸轮轮廓上最小半径的圆弧 DA 接触，从动件将处于最低位置且静止不动，这一过程称为近停程。凸轮转角 δ_s' 称为近停程角

从动件上升或下降的最大位移 h 称为从动件的行程。

7.2.2　从动件的常用运动规律

以从动件的位移 s 为纵坐标，对应凸轮转角 δ 或时间 t（凸轮匀速转动时，转角与时间成正比）为横坐标，δ_0 和 δ_0' 分别表示推程运动角和回程运动角，δ_s 和 δ_s' 分别表示远停程角和近停程角，表 7-3 中从动件一个工作循环的位移线图，如图 7-4 所示。

图 7-4　位移线图

位移线图反映了从动件的运动规律，通过对凸轮机构一个运动循环的分析可知，从动件的运动规律决定了凸轮的轮廓形状。因此，设计凸轮轮廓时，必须首先确定从动件的运动规律。常用的从动件的运动规律有等速运动规律和等加速等减速运动规律，其工作特点和应用场合如表 7-4 所示。

表 7-4　从动件常用运动规律的工作特点和应用场合

项目	等速运动规律	等加速等减速运动规律
定义	从动件上升或下降的速度为一常数的运动规律	从动件在行程中先做等加速运动，后做等减速运动。通常加速段和减速段的时间相等，位移也相等，加速度的绝对值也相等
运动方程	$\left.\begin{array}{l}\delta=\omega t\\ s=vt\end{array}\right\}\ s=\dfrac{v}{\omega}\delta$ 凸轮做等速转动，转角为 δ，从动件做直线运动，位移为 s	$\left.\begin{array}{l}\delta=\omega t\\ s=\dfrac{1}{2}at^2\end{array}\right\}\rightarrow s=\dfrac{a}{2\omega^2}\delta^2$ 凸轮做等速转动，转角为 δ，从动件做直线运动，位移为 s

续表

项目	等速运动规律	等加速等减运动规律
$s-\delta$ 曲线	 从动件的位移方程： $$s = \frac{v}{\omega}\delta$$ 从动件做等速运动时的位移曲线为一倾斜直线	 从动件的位移方程： $$s = \frac{a}{2\omega^2}\delta^2$$ 从动件做等加速等减速运动时的位移曲线为一抛物线
$v-\delta$ 曲线	 从动件的速度为一常数，速度图像为一水平直线	 从动件的速度不为常数，速度图像为一倾斜直线
$a-\delta$ 曲线	 等速运动规律不存在加速度，但在启动、停止位置，速度有突变	 从动件的速度为一常数。但在启动、停止位置，加速度为有限值的变化
工作特点	凸轮轮廓曲线设计制造容易，但从动件运动的起始和终止位置速度有突变，使加速度达到无穷大，产生刚性冲击	凸轮轮廓曲线设计和制造较困难。由于无速度突变，避免了刚性冲击。但加速度在运动的起始、中点和终止位置发生有限值突变，产生柔性冲击
应用场合	适用于低速、轻载的场合	适用于中速、轻载的场合

等加速等减速运动规律的位移曲线可用作图法画出，如图 7-5 所示，具体操作步骤如下。

（1）画出坐标轴，用横坐标代表凸轮转角 δ，纵坐标代表从动件的位移 s。

（2）选取适当的长度比例尺（实际长度/图示长度） $\mu_l\left(\dfrac{mm}{mm}\right)$ 和角度比例尺（实际角度/图示长度） $\mu_\delta\left(\dfrac{°}{mm}\right)$。在横坐标轴上按角度比例尺 μ_δ 截取推程角 δ_0 及其半推程角 $\dfrac{\delta_0}{2}$，在纵坐标上按长度比例尺截取行程 h 及其一半 $\dfrac{h}{2}$。

（3）将 $\dfrac{\delta_0}{2}$ 分成若干等份，现取 3 等份，得到分点1、2、3。将 $h/2$ 取相同的等份，得到分点 $1'$、$2'$、$3'$。连接抛物线顶点 O 与各分点 $1'$、$2'$、$3'$，得到斜线 $O1'$、$O2'$、$O3'$，过分点1、2、3作垂线分别与斜线 $O1'$、$O2'$、$O3'$ 相交于点 $1''$、$2''$、$3''$。

（4）用平滑的曲线连接顶点 O 及各交点 $1''$、$2''$、$3''$，即得等加速段的位移曲线。用同样的方法可画出等减速段及回程的位移曲线。

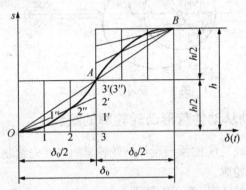

图 7-5　等加速等减速运动规律的位移曲线

7.3　凸轮轮廓曲线的画法

？思考

在凸轮机构中，凸轮是一个具有特殊曲线轮廓的构件，用以实现从动件的运动规律。制造、加工凸轮时需要绘制凸轮的轮廓曲线。那么怎样绘制凸轮的轮廓曲线呢？

在实际工作中，根据机器的工作要求合理选择从动件的运动规律后，即可按选定的运动规律进行凸轮的轮廓设计。凸轮轮廓设计的方法有图解法和解析法两种，本节主要介绍图解法设计盘形凸轮轮廓的基本原理和方法步骤。

7.3.1　凸轮轮廓曲线的绘制原理

图解法设计盘形凸轮轮廓的方法是反转法，如图 7-6 所示，即给整个凸轮机构加上一个公共角速度 $-\omega$。这时凸轮与从动件之间的相对运动并未改变，但凸轮变为相对静止，而从动件连同机架导路一方面以角速度 $-\omega$ 绕轴心 O 回转；另一方面又相对于机架导路做往复移动。由于从动件的尖顶始终与凸轮轮廓保持接触，因此反转后尖顶的运动轨迹就是凸轮的轮廓。

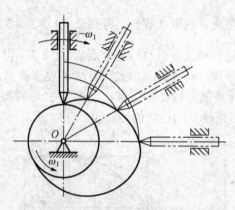

图 7-6　反转法的绘图原理

7.3.2　对心尖顶直动从动件盘形凸轮轮廓的绘制

根据反转法绘制凸轮轮廓的原理设计凸轮轮廓时，要先绘制从动件的位移曲线，然后再按反转法绘制凸轮轮廓。

【例 7-1】　有一凸轮机构，凸轮的基圆半径 r_b=30mm，工作时凸轮逆时针方向回转，对从动件运动规律的要求如表 7-5 所示。试绘制该凸轮的轮廓曲线。

表 7-5　对从动件运动规律的要求

凸轮转角（δ）	0°～180°	180°～210°	210°～300°	300°～360°
从动件运动规律（s）	等速上升 25mm	停止不动	等速下降至原位	停止不动

解　作图方法步骤如下。

1）绘制从动件的位移曲线

（1）画出坐标轴，以横坐标代表凸轮转角 δ，纵坐标代表从动件的位移 s。

（2）选取长度比例尺 $\mu_l =1\dfrac{mm}{mm}$，角度比例尺 $\mu_\varphi =6\dfrac{°}{mm}$，按角度比例尺在横坐标轴上由原点向右依次量取 30mm、5mm、15mm、10mm，分别代表推程角180°、远停程角30°、回程角90°、近停程角60°。

（3）按长度比例尺在纵坐标轴向上截取 25mm 代表行程，作出从动件的位移曲线图。因从动件做等速运动，位移曲线为一倾斜直线，所以取坐标点（0，0）、（180°，25）、（210°，25）、（300°，0）、（360°，0），然后连接相应点，如图 7-7 所示。

2）绘制凸轮轮廓曲线

（1）等分位移曲线。图 7-7 所示的位移曲线，将其等分，每30°（5mm）取一分点等分推程角和回程角，得分点 1、2、3、…、10，停程不必取分点。然后过每个等分点作垂线，得到与各等分点相对应的从动件的位移11′、22′、33′……如图 7-8（a）所示。

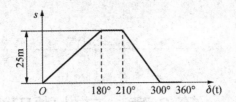

图 7-7   等速运动规律的位移曲线

（2）绘制凸轮基圆。按长度比例尺 μ_1，任选一点 O 为圆心，以已知的基圆半径 $r_b = 30\text{mm}$ 为半径画出基圆，如图 7-8（b）所示。

（3）等分基圆。沿顺时针方向（$-\omega$ 方向）将基圆等分，其等分数与从动件位移曲线的等分数相同，在基圆上得到相应的等分点 A_1、A_2、A_3、…、A_{11}，A_{11} 与 A_0 重合。

（4）绘制凸轮轮廓曲线。首先分别连接 OA_1、OA_2、OA_3、…、OA_{11} 并将其延长，然后分别在其延长线上截取与位移曲线相对应的位移量 $A_1A_1' = 11'$、$A_2A_2' = 22'$、$A_3A_3' = 33'$。以此类推，即得到机构反转后从动件尖顶的一系列位置点 A_1'、A_2'、A_3'、…、A_{11}'，A_{10}' 和 A_{10} 重合，A_{11}' 和 A_{11} 重合。将 A_1'、A_2'、A_3'、…、A_{11}' 用光滑的曲线连接起来（A_6'、A_7' 之间为以 O 为圆心的圆弧，A_{10}'、A_{11}' 之间为基圆的一段圆弧），即为所求的凸轮轮廓曲线。

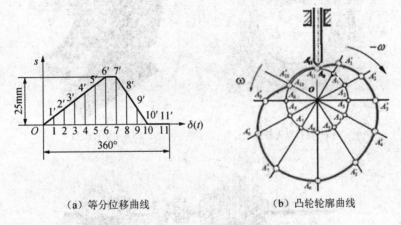

（a）等分位移曲线   （b）凸轮轮廓曲线

图 7-8   绘制凸轮轮廓曲线

第8章 其他常用机构

前面我们已经学习了平面连杆机构和凸轮机构，在生产和生活中，还应用着许多其他常用机构。例如，汽车中应用的变速机构；金属切削机床中为满足不同材料切削加工的需要，应用的变速换向机构；电影放映机中槽轮机构（卷片机构）等，如图8-1所示。本章介绍变速机构、棘轮机构、槽轮机构的工作原理及其应用特点。

（a）自行车飞轮　　　　　　　　（b）电影放映机

（c）桑塔纳2000变速机构

图8-1 其他常用机构的应用

8.1 变 速 机 构

? 思考

在现代生活中，汽车走进了人们的家庭，汽车在行进中需要变换速度，以满足人们的使用要求。在机械制造过程中，需要用到各种类型的加工机床，加工过程中需根据加工材料、刀具等的不同要求变换加工速度。你知道它们是如何实现变速的吗？

图 8-2 所示为 XA6132 型铣床主轴传动系统。轴 I 为输入轴，由电动机直接驱动，轴 V 为输出轴（铣床的主轴），其转速范围为 30～1500r/min。

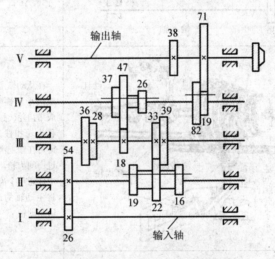

图 8-2 XA6132 型铣床主轴传动系统

显然，铣床主轴箱的变速机构可使输出轴（主轴）得到多种不同的转速。这种在输入轴转速不变的条件下，使输出轴获得不同转速的传动装置称为变速机构。变速机构分为有级变速机构和无级变速机构。

8.1.1 有级变速机构

有级变速机构是在输入轴转速不变的条件下，使输出轴获得一定的转速级数的传动装置。其常用的类型有滑移齿轮变速机构、塔齿轮变速机构、倍增速变速机构和拉键变速机构等，其工作原理和工作特点如表 8-1 所示。

表 8-1　有级变速机构的常用类型、工作原理和工作特点

类型	简图	工作原理	工作特点
滑移齿轮变速机构	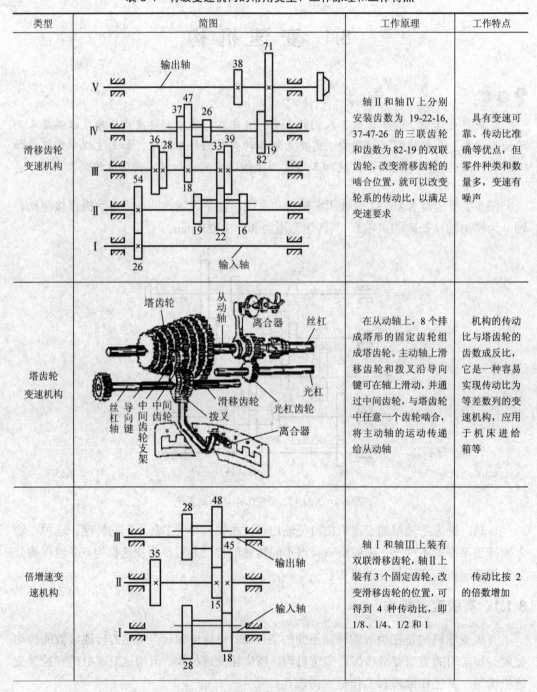	轴Ⅱ和轴Ⅳ上分别安装齿数为 19-22-16、37-47-26 的三联齿轮和齿数为 82-19 的双联齿轮，改变滑移齿轮的啮合位置，就可以改变轮系的传动比，以满足变速要求	具有变速可靠、传动比准确等优点，但零件种类和数量多，变速有噪声
塔齿轮变速机构		在从动轴上，8 个排成塔形的固定齿轮组成塔齿轮。主动轴上滑移齿轮和拨叉沿导向键可在轴上滑动，并通过中间齿轮，与塔齿轮中任意一个齿轮啮合，将主动轴的运动传递给从动轴	机构的传动比与塔齿轮的齿数成反比，它是一种容易实现传动比为等差数列的变速机构，应用于机床进给箱等
倍增速变速机构		轴Ⅰ和轴Ⅲ上装有双联滑移齿轮，轴Ⅱ上装有 3 个固定齿轮，改变滑移齿轮的位置，可得到 4 种传动比，即 1/8、1/4、1/2 和 1	传动比按 2 的倍数增加

续表

类型	简图	工作原理	工作特点
拉键变速机构		在主动轴上固连齿轮 z_1、z_3、z_5、z_7，在从动套筒轴上空套齿轮 z_2、z_4、z_6、z_8。手柄轴插入从动套筒轴中，手柄前端的弹簧键可从套筒轴的键槽中弹出，嵌入任意一个空套齿轮的键槽中，从而将主动轴的运动通过齿轮副和弹簧键传递给从动轮	结构紧凑，但拉键的刚度低，不能传递较大的转矩

上面所介绍的 4 种有级变速机构,其变速原理都是通过改变一对齿轮传动比的大小,从而改变从动轮(轴)的转速。有级变速机构可实现在一定转速范围内的分级变速,具有变速可靠、传动比准确、结构紧凑等优点,但高速时不够平稳,变速时有噪声。有级变速机构广泛应用于要求传动比准确及传递功率较大的设备,如机床、汽车等。

？思考

有级变速机构具有变速可靠、传动比准确等优点,但只能在一定的范围内获得几种固定的转速。想一想,如果在一定范围内获得任意转速,那该如何实现呢?

8.1.2 无级变速机构

图 8-3(a)所示为皮带式无级变速器,利用特制的 V 带,通过改变摩擦锥体的转动半径而实现无级变速,其工作原理如图 8-3(b)所示。锥形主动盘和锥形从动盘可以

(a)实物图

(b)工作原理图

图 8-3 皮带式无级变速器

113

沿轴Ⅰ和轴Ⅱ同步移动，这样就改变了V带与主动盘和从动盘的接触半径，从而改变传动比，实现无级变速。

从图 8-3 可以看出，无级变速机构是依靠摩擦来传递转矩，通过改变主动件和从动件的转动半径，使输出轴的转速在一定范围内无级地变化。无级变速机构具有结构简单，运转平稳，易于平缓、连续变速的优点。常用的类型有滚子平盘式、锥面—端面盘式和分离锥轮式（图 8-3 所示的皮带式无级变速器属于此类型）。常用机械无级变速机构的类型、工作原理及特点如表 8-2 所示。

表 8-2　常用机械无级变速机构的类型、工作原理及特点

类型	简图	工作原理	特点
滚子平盘式	 摩擦轮1　r_1 r_2　摩擦轮2	主动轮和从动轮靠接触处产生的摩擦力驱动。摩擦轮 1 可沿轴向移动，使接触半径 r_2 改变，这样，传动比 $i_{12}=r_2/r_1$ 可在一定范围内任意改变，所以从动轴Ⅱ可以获得无级变速	结构简单，制造方便，但存在较大的相对滑动，磨损严重
锥面—端面盘式	R_1　R_2 锥轮 端面盘 支架板　弹簧	锥轮装在倾斜安装的电动机的轴上，端面盘安装在支架板上。弹簧的作用使其与锥轮的端面紧贴。支架板移动时可改变锥轮与端面盘的接触半径 R_1 和 R_2，从而获得不同的传动比，实现无级变速 $i_{12} =n_1/n_2=R_2/R_1$	传动平稳，噪声低，结构紧凑，变速范围大
分离锥轮式	锥轮2　传动带　锥轮2 R_1 带轮　主动轴　支架 杠杆　从动轴　杠杆 R_2 锥轮4　锥轮 4 螺母　螺杆　螺母	两对可滑移的锥轮 2 和锥轮 4 分别安装在主动轴和从动轴上，并用杠杆连接，杠杆以支架为支点。两对锥轮间利用带传动，转动手轮，使杠杆摆动（螺杆两段螺纹旋向相反，两个螺母反向移动），从而改变传动带与锥轮 2 和锥轮 4 的接触半径，实现无级变速	运转平稳，变速可靠

8.2　间歇运动机构

？思考

你观察过牛头刨床的加工过程吗？如图 8-4 所示的牛头刨床工作台横向进给机构，它是通过齿轮轴的旋转运动，借助连杆由棘轮机构实现的。那么，棘轮机构是如何实现进给的呢？

（a）实物图　　　　　　　　　　　　（b）牛头刨床工作台横向进给机构

图 8-4　牛头刨床

牛头刨床工作台的横向进给运动是通过曲柄、连杆带动摇杆做往复摆动实现的。摇杆上装有可调节棘轮转向的棘爪，棘轮与丝杠固连。刨床滑枕每往复运动一次（刨削一次），棘爪带动棘轮单方向间歇转动一次，从而使螺母（即工作台）实现横向进给。

牛头刨床工作台的横向进给运动是周期性的间歇运动。这种能将主动件的连续运动转换成周期性的运动或停歇的机构称为间歇运动机构。当滑枕往复运动一次时，工作台带动工件进给一次，这是利用棘轮机构来实现的。

8.2.1　棘轮机构

1. 棘轮机构的组成及工作原理

如图 8-5 所示，棘轮机构主要由棘轮、棘爪、止回棘爪和机架等组成。主动摇杆空套在与棘轮固连的轴上，当主动摇杆逆时针摆动时，摇杆上铰接的主动棘爪嵌入棘轮的齿槽中，推动棘轮同向转动一定的角度。当主动摇杆顺时针摆动时，止回棘爪阻止棘轮反向转动，而主动棘爪在棘轮齿背上滑至原位，此时棘轮静止不动。因此，当主动件做连续往复摆动时，棘轮做单向间歇运动。

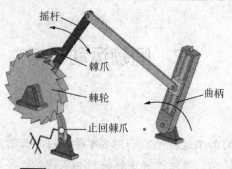

图 8-5　棘轮机构的组成

2. 棘轮机构的常见类型

棘轮机构的常见类型和运动特点如表 8-3 所示。

表 8-3　棘轮机构的常见类型和运动特点

类型		简图	工作特点
外啮合式	单动式棘轮机构	棘爪　主动件（摇杆）　止回棘爪　棘轮	当主动件往复摆动一次时，棘轮只能单向间歇地转过某一角度
	双动式棘轮机构	主动件　棘爪　棘轮	当主动件往复摆动一次时，通过棘爪能使棘轮沿同一方向做两次间歇运动。不过每次停歇时间很短，棘轮每次的转角很小
	双向式棘轮机构	棘爪　棘轮	当棘爪的直面在左侧，斜面在右侧时，棘轮沿逆时针方向做间歇运动。若提起棘爪并绕其轴线转 180° 后放下，使棘爪直面在右侧，斜面在左侧时，棘轮沿顺时针方向做间歇运动
内啮合式		内棘轮　棘爪　摆动轴	当摆动轴连续往复摆动时，通过棘爪带动内棘轮沿逆时针方向做间歇转动

续表

类型	简图	工作特点
摩擦式	棘爪　止回棘爪　棘轮	依靠棘爪和棘轮之间的摩擦力来传递运动

？思考

为适应牛头刨床加工的要求，工作台进给量的大小是可以调节的，而且进给方向也是可以改变的，以便提高生产效率。那么，进给量和方向怎样调节呢？

3. 棘轮机构的调节

在棘轮机构中，根据实际需要可以对棘轮转角和转向进行调节，其调节方法如表 8-4 所示。

表 8-4　棘轮机构的调节方法

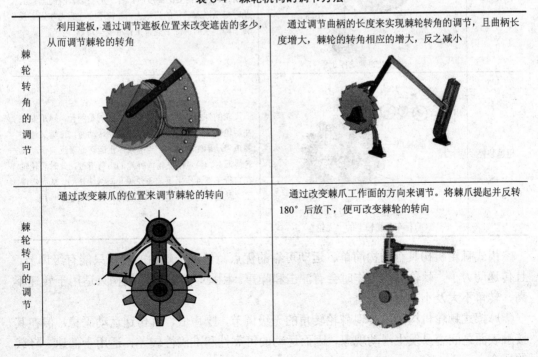

| 棘轮转角的调节 | 利用遮板，通过调节遮板位置来改变遮齿的多少，从而调节棘轮的转角 | 通过调节曲柄的长度来实现棘轮转角的调节，且曲柄长度增大，棘轮的转角相应的增大，反之减小 |
| 棘轮转向的调节 | 通过改变棘爪的位置来调节棘轮的转向 | 通过改变棘爪工作面的方向来调节。将棘爪提起并反转 180° 后放下，便可改变棘轮的转向 |

4. 棘轮机构的应用及特点

棘轮机构在生产中可满足送进、制动和超越等要求。常用棘轮机构的应用和运动特点如表 8-5 所示。

表 8-5　常用棘轮机构的应用和运动特点

应用	图例	运动特点
送进装置	浇注自动线的送料装置	槽轮和带轮固连在同一轴上。当浇注时气缸内的活塞下移，棘轮停止转动，输送带不动，浇包对准砂型进行浇注。浇注结束后，气缸内的活塞上移，活塞杆推动摇杆使棘轮转过一定角度，输送带向前移动一段距离，使下一个砂型进入浇注位置，活塞不停地上下移动，完成砂型的浇注和输送任务
制动装置	棘爪 棘轮 卷筒 提升机的棘轮停止器	卷筒和棘轮用键连接于轴上，当轴沿逆时针方向回转时，卷筒转动提升重物，棘爪在同步转动的棘轮齿背表面滑过，到达需要的高度时，轴、卷筒和棘轮停止转动，此时棘爪嵌入棘轮的齿槽内，卷筒不会在重力作用下反转下降，从而保证了提升工作的安全可靠
超越装置	飞轮 棘爪 后轮轴 棘轮 自行车后轮轴上的"飞轮"	飞轮的外圆周是链轮齿圈，内圆周是棘轮，棘爪安装在后轮轴上。当链条驱动飞轮齿圈转动时，飞轮又通过棘爪带动后轮轴转动；当链条停止运动或者反向带动飞轮齿圈时，棘爪沿飞轮内棘轮的齿背滑过，此时后轮轴在自行车惯性作用下与飞轮脱开而继续转动，从而实现了"从动件转速"超越"主动件转速"的超越作用

齿式棘轮机构具有结构简单、运动可靠的优点。但由于棘轮的转角只能有级调节，且传递动力小，棘轮机构工作时会有冲击和噪声。因此，齿式棘轮机构只适用于转速不高、转角不大及小功率的场合。

摩擦式棘轮机构可以实现棘轮转角的无级调节，噪声低，且传递运动平稳。但在其接触表面之间容易发生滑动现象，因而运动的可靠性和准确性较差，适用于低速、轻载的场合。

思考

在我们的生活中，看电影是件很普通的事。那么，你知道胶片上的画面是怎样实现控制的呢？

8.2.2　槽轮机构

图 8-6 所示为电影放映机的卷片机构。当传动轴带动拨盘等速回转时，拨盘上的圆销驱动槽轮转动。拨盘每转一周，槽轮转过 90°，卷过胶片一张，并使画面有短暂的停留时间。放电影时，胶片以每秒 24 张的速度通过镜头，每张画面在镜头前有一个短暂的停留，这一间歇运动是由槽轮机构实现的。

图 8-6　电影放映机的卷片机构

1. 槽轮机构的组成及工作原理

图 8-7 所示的槽轮机构由带圆销的拨盘、具有径向均布槽的槽轮和机架组成。当拨盘为主动件，按逆时针方向做连续等速回转时，圆销由图示位置进入槽轮的槽中，拨动槽轮顺时针转动。拨盘转一周，槽轮转过一个径向槽，此时，槽轮的锁止凹弧被回转拨盘的锁止凸弧卡住，使槽轮静止不动。直到圆销再进入槽轮下一个径向槽时，又重复上述的运动循环。当主动拨盘连续转动时，从动槽轮做周期性的间歇运动。

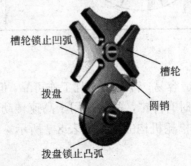

图 8-7　槽轮机构的工作原理

2. 槽轮机构的类型及工作特点

常用槽轮机构的类型和运动特点如表 8-6 所示。

表 8-6　常用槽轮机构的类型和运动特点

应用		简图	运动特点
外啮合式	单圆销槽轮机构		主动拨盘每回转一周，圆销拨动槽轮反向转过一个槽口，槽轮停歇时间较长
	双圆销槽轮机构		主动拨盘每回转一周，圆销拨动槽轮反向转过两个槽口，槽轮停歇时间较短
内啮合式			主动拨盘每回转一周，圆销拨动槽轮同向转过两个槽口，槽轮停歇时间较短（同为单圆销时）。传动平稳，结构紧凑，但内啮合槽轮机构只能有一个圆销

3. 槽轮机构的应用

槽轮机构结构简单，制造容易，转位迅速且工作可靠。但制造与装配精度要求较高，且转角大小不能调节，转动时有冲击，故不适用于高速转动机构。一般用于转速不高的自动机械、半自动机械中。槽轮机构的应用如表 8-7 所示。

表 8-7 槽轮机构的应用

图例	工作特点
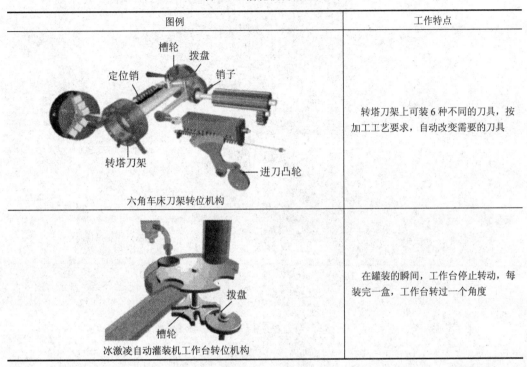六角车床刀架转位机构	转塔刀架上可装 6 种不同的刀具，按加工工艺要求，自动改变需要的刀具
冰激凌自动灌装机工作台转位机构	在罐装的瞬间，工作台停止转动，每装完一盒，工作台转过一个角度

第三篇　轴系零件

　　机器是由各种零件装配而成的，如齿轮减速器。电动机的运动和动力通过输入轴，经齿轮传动带动输出轴转动。在输出轴上安装有轴承、齿轮、键、联轴器等零件。其中，轴和轴承起支承作用，并使传动零件（齿轮、联轴器等）具有确定的工作位置，以传递运动和动力；键用来实现齿轮、联轴器与轴的连接。它们共同形成了一个以轴为核心的组合体，这些零件称为轴系零件。

第9章 键 和 销

轴系零件是指以轴为核心零件及起支承作用的轴承、连接轴上零件的键、销等。轴系零件在组装、维修中具有重要作用。

本章主要介绍起连接作用的键的类型，键连接的种类及应用，以及销连接的基本形式和应用特点。

9.1 平键及其连接

？思考

观察图 9-1 所示齿轮减速器的输出轴与轴上的齿轮，采用键将齿轮与轴连接在一起，使齿轮随轴一起转动。键连接在机械制造和机械维修中是经常遇到的。那么，我们怎样正确地选择使用它呢？

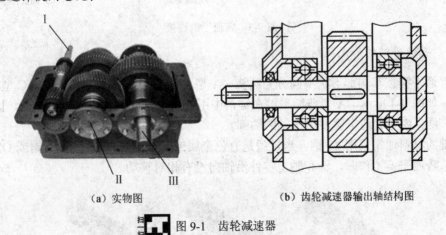

（a）实物图 　　　　　　（b）齿轮减速器输出轴结构图

图 9-1　齿轮减速器

图 9-1（b）所示为齿轮减速器输出轴Ⅲ上的齿轮与轴。通常是在轴和齿轮、带轮的轮毂上加工出键槽，用键进行连接的，如图 9-2 所示。键连接的作用是：实现轴

与轴上零件（如齿轮、带轮等）之间的周向固定，并传递运动和转矩。键连接属于可拆连接，且具有结构简单、装拆方便、工作可靠及标准化等优点，在机械中应用广泛。

键连接的分类如下。

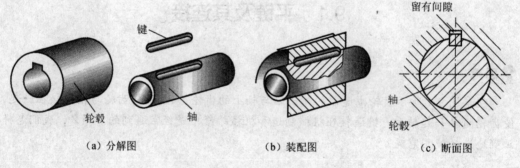

$$
键连接 \begin{cases} 松键连接 \begin{cases} 平键连接 \\ 半圆键连接 \\ 花键连接 \end{cases} \\ 紧键连接 \begin{cases} 斜键连接 \\ 切向键连接 \end{cases} \end{cases}
$$

图 9-2 键连接

根据用途不同，平键连接包括普通平键连接、导向平键连接和滑键连接。

9.1.1 普通平键

普通平键连接如图 9-3 所示。键的两侧面为工作面，具有对中性好、装拆方便的特点。

（a）分解图　　　　　　（b）装配图　　　　　　（c）断面图

图 9-3 普通平键连接

1. 普通平键的形式及材料

普通平键按其端部形状不同分为圆头（A 型）、平头（B 型）和单圆头（C 型）3 种形式，如图 9-4 所示。A 型普通平键在键槽中不会发生轴向移动，且加工方便，因而应用较广泛；C 型普通平键多用于轴的端部。

键的材料通常采用 45 钢，当轮毂是有色金属或非金属时，键可用 20 钢或 Q235 钢制造。普通平键工作时，轴和轴上零件沿轴向没有相对移动。

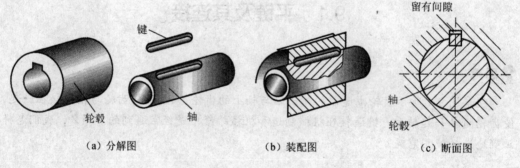

扫一扫 A 型　　　　扫一扫 B 型　　　　扫一扫 C 型

图 9-4 普通平键的形式

2. 普通平键的型式尺寸与标记

普通平键的型式尺寸包括键宽 b、键高 h 和键长 L，如图 9-5 所示。

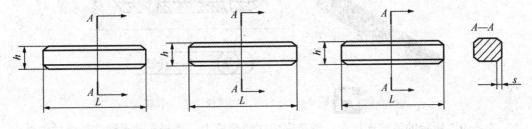

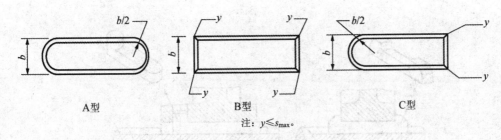

A 型　　　　　　B 型　　　　　　　C 型

注：$y \leqslant s_{max}$。

图 9-5　普通平键的型式尺寸

普通平键的标记形式：国标号　键　键型　键宽×键高×键长

标记示例：

宽度 $b=16$mm、高度 $h=10$mm、长 $L=100$mm 普通 A 型平键的标记为：GB/T 1096—2003　键 16×10×100

宽度 $b=16$mm、高度 $h=10$mm、长 $L=100$mm 普通 B 型平键的标记为：GB/T 1096—2003　键 B 16×10×100

宽度 $b=16$mm、高度 $h=10$mm、长 $L=100$mm 普通 C 型平键的标记为：GB/T 1096—2003　键 C 16×10×100

国家标准规定，在普通平键的标记中，A 型键的键型可省略不标注。

平键是标准件，可根据轴的直径 d 按 GB/T 1096—2003 选取。普通平键键槽的尺寸和公差按 GB/T 1095—2003 选取。

9.1.2　导向型平键和滑键

当轮毂需要在轴上沿轴向移动时可采用导向型平键连接，如图 9-6 所示。导向型平键分为 A 型和 B 型两种，其长度比普通平键长。为防止键在轴上的键槽中松动，通常用紧定螺钉固定在轴上的键槽中，键与轮毂槽间采用间隙配合，轴上零件能做轴向移动。键上设有螺纹孔，以便于拆卸。导向型平键常用于轴上零件移动量不大的场合，如机床变速箱中的滑移齿轮。

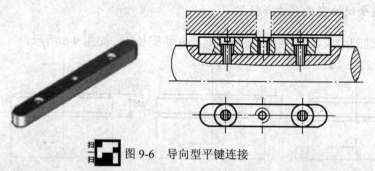

图 9-6　导向型平键连接

在图 9-7 所示的滑键连接中，滑键固定在轮毂槽中，轮毂带动滑键在轴上的键槽中作轴向移动。与导向型平键不同的是，滑键可做得较短，只需在轴上铣出较长的键槽即可。

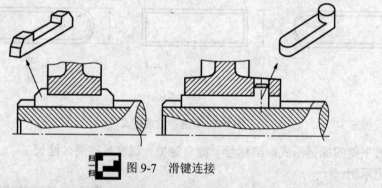

图 9-7　滑键连接

9.1.3　平键连接配合的种类及应用

平键连接采用基轴制配合，按键与键槽配合松紧程度不同分为松连接、正常连接和紧密连接。平键连接配合的种类及其应用范围如表 9-1 所示，可从表中查出 3 种连接的键宽、轴槽宽和轮毂槽宽的公差带。

表 9-1　平键连接配合的种类及其应用范围

平键连接配合的种类	尺寸 b 的公差带			应用范围
	键宽	轴槽宽	轮毂槽宽	
松连接	h9	H9	D10	主要用于导向型平键
正常连接		N9	JS9	用于传递载荷不大的场合，在一般机械制造中应用广泛
紧密连接			P9	用于传递重载荷、冲击载荷及双向传递转矩的场合

9.2 其他键及其连接

？思考

在实际应用中，由于机械的多样性，为满足不同机器的使用要求，除平键连接外，还采用半圆键、楔键、花键等形式的连接。那么，怎样选择才能更好地满足不同机械的性能要求呢？

9.2.1 半圆键

半圆键的工作面是键的两侧面，轴上的键槽用盘形铣刀铣出，键可在键槽中绕键的几何中心摆动，如图 9-8 所示。半圆键连接对中性好，结构简单，装拆方便。但由于键槽较深，对轴的强度削弱较大，因此它只适用于轻载或辅助性连接的场合，特别适用于锥形轴与轮毂的连接。

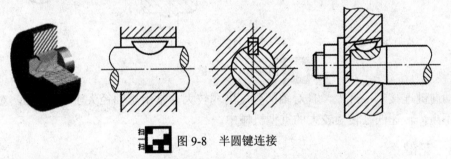

图 9-8　半圆键连接

9.2.2 楔键和切向键

楔键和切向键连接都属于紧键连接。

1. 楔键

图 9-9 所示为楔键连接，楔键分为钩头型楔键和普通型楔键。钩头型楔键的钩头供拆卸用，用于不能从一端将楔键打出的场合。楔键的上、下面为工作面，上表面相对于下表面有 1：100 的斜度（轮毂槽底面也有 1：100 的斜度）。装配时，将楔键打入轴与轮毂的键槽内，使之连接成一整体，从而实现转矩的传递。楔键连接装拆方便，但对中性差，在冲击和变载荷作用下容易发生松脱。因此，它适用于定心精度要求不高、载荷平稳、转速较低的场合。

2. 切向键

图 9-10 所示为切向键连接，切向键由一对具有 1：100 斜度的楔键沿斜面拼合而成。

其上下面为工作面，且两工作面互相平行，工作时，靠工作面的压紧作用传递转矩。一对切向键只能传递单向转矩，需要传递双向转矩时，可安装两对互成 120°～150° 的切向键，如图 9-10（c）所示。

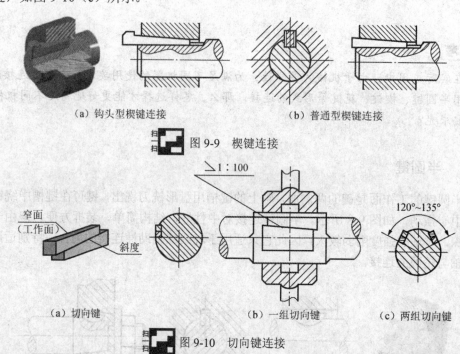

（a）钩头型楔键连接　　　　　　　（b）普通型楔键连接

图 9-9　楔键连接

（a）切向键　　　　　（b）一组切向键　　　　　（c）两组切向键

图 9-10　切向键连接

切向键连接对中性差，且对轴的强度削弱较大，常用于轴径大于 100mm，对中性要求不高，转速低且转矩较大的重型机械中。

9.2.3　花键

由沿轴和轮毂孔周向均布的齿数相同的多个键齿相互啮合构成的连接称为花键连接。花键连接是由带健齿的轴（外花键）和轮毂（内花键）组成的，如图 9-11 所示。

图 9-11　花键连接

思考

观察图 9-11 所示的由花键构成的连接，与平键、半圆键等构成的单键连接相比有什么特点？如何保证连接的对中性？

1．花键连接的应用特点

（1）花键由多齿承载，承载能力高且齿槽较浅，对轴的强度削弱较小。

（2）对中性及导向性能好。

（3）加工需专门设备，成本高。

花键连接多用于重载和对中性要求高的场合，尤其适用于经常滑动的连接。

2．花键的分类

花键按齿形不同分为矩形花键和渐开线花键。

（1）矩形花键的两侧面为平面，形状简单，加工容易，但齿根部应力集中较大，对中性、导向性好，承载能力较大，应用广泛。图 9-12 所示为矩形花键连接。

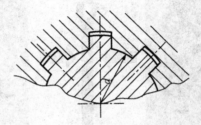

图 9-12　矩形花键连接

矩形花键连接的定心方式有 3 种：小径定心、大径定心和齿侧定心，其中小径定心精度高，如图 9-13 所示。

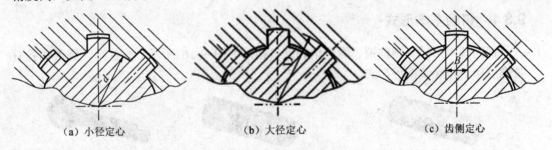

（a）小径定心　　　　　（b）大径定心　　　　　（c）齿侧定心

图 9-13　矩形花键连接的定心方式

（2）渐开线花键常采用压力角为 30° 和压力角为 45° 的渐开线齿形。压力角为 30° 的渐开线花键，如图 9-14 所示。渐开线花键连接具有应力集中小，定心精度高，承载能力大的特点，应用于载荷较大，定心精度要求高，尺寸较大的场合。压力角为 45° 的渐开线花键连接，内花键齿形是直齿形，其键齿细小，承载能力也小，通常用于轻载且直径较小或薄壁零件与轴的连接。

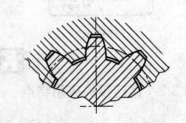

图 9-14　压力角为 30° 的渐开线花键

9.3 销及其连接

思考

观察图 9-15 所示的链条接头连接，它与自行车用链条的连接相同吗？这种连接是机械中常用的一种销连接方式。那么，实际中有哪些形式的销？销连接应用在什么场合？

图 9-15 链条接头连接

9.3.1 销的基本形式

销的基本形式有圆柱销、圆锥销和开口销，如图 9-16 所示。圆柱销、圆锥销各有带螺纹和不带螺纹两种形式。

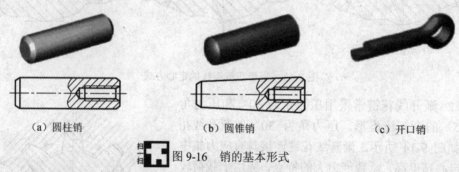

（a）圆柱销　　　　　　　　　（b）圆锥销　　　　　　　　　（c）开口销

图 9-16 销的基本形式

9.3.2 销连接的应用特点

销连接主要用来固定零件之间的相对位置，起定位作用；用于联轴器、轴与轮毂的连接，传递力和转矩；还可作为安全装置中的过载剪断零件，起安全保护作用。

1. 用来固定零件之间的相互位置

用来固定零件之间的相互位置的销称为定位销，如图 9-17（a）所示。

定位销通常采用圆锥销，圆锥销具有 1∶50 的锥度，使连接具有可靠的自锁性，且在同一销孔中，圆锥销可使用多次而不影响定位精度。因此，它多用于经常拆卸的场合。采用圆柱销定位时，圆柱销靠较小的过盈固定在销孔中，如果多次拆卸会影响定位精度。因此，它只适用于不经常拆卸的场合。

销起定位作用时，销应不受力或受力很小，且销的数目不得少于两个。

为了方便拆卸或者用于盲孔的连接，可采用内螺纹圆柱销或内螺纹圆锥销，如图 9-17（b）所示。

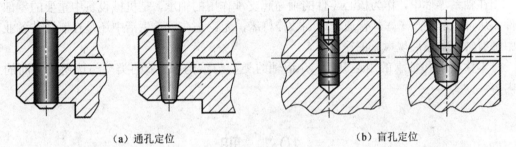

（a）通孔定位　　　　　　　　　　　　（b）盲孔定位

图 9-17　销连接用于定位

2. 用于连接，传递力和转矩

用于连接，传递力和转矩的销称为连接销。连接销可采用圆柱销和圆锥销，如图 9-18 所示。连接销工作时受挤压和剪切作用，且销孔须铰制。

3. 作为安全装置中的过载剪断零件

作为安全装置中的过载剪断零件的销称为安全销。当传递的动力或转矩过载时，用于连接的销被剪断，起到安全保护作用，如图 9-19 所示。

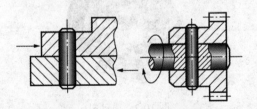

图 9-18　销连接用于传力或转矩

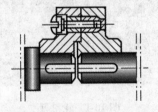

图 9-19　销连接用于过载保护

第 10 章 轴 和 轴 承

在轴系零件中,作为核心零件的轴与起支承作用的轴承,是机械设备中重要的零部件。从自行车到汽车,从普通车床到数控机床,无论是在日常生活中还是在制造装备业中都有轴和轴承展现风采的空间。

本章从轴和轴承的用途开始,介绍轴的类型与结构、轴承的类型与选用等方面的内容。

10.1 轴

?思考

观察我们身边的自行车的车轮、图 10-1 所示的轮滑鞋轮和图 10-2 所示的电动机中的转子,它们必须装在轴上才能实现回转运动。因此,轴是各种机器中用于支承作旋转运动的最基本、最重要零件。那么,你了解轴的种类及其结构吗?

图 10-1 轮滑鞋

图 10-2 电动机

10.1.1 轴的用途与分类

轴的用途主要是支承回转零件,并传递运动和动力。

轴的类型很多,根据轴线的形状不同,轴可分为直轴 [图 10-3 (a)]、曲轴 [图 10-3 (b)] 和挠性轴 [图 10-3 (c)] 3 种类型。

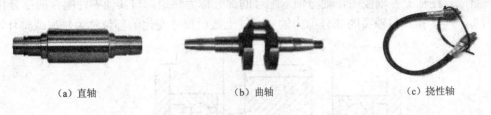

（a）直轴　　　　　　　　（b）曲轴　　　　　　　　（c）挠性轴

图 10-3　轴

根据轴所起的作用和承受载荷的不同，直轴又可分为心轴、传动轴和转轴三大类，其应用特点如表 10-1 所示。

表 10-1　直轴的应用特点

类型		应用图例	应用特点
心轴	固定心轴	自行车前轮轴	用来支承零件，只受弯曲作用
	转动心轴	 火车轮轴	
传动轴		 汽车传动轴	用来传递转矩，只受旋转作用而不受弯曲作用或受弯曲作用很小（轴自重引起的弯曲）
转轴		 减速器输出轴	支承回转零件，同时承受弯曲和转矩两种作用

10.1.2　轴的结构设计

1．轴的结构

图 10-4 所示的减速器输出轴代表了轴的典型结构。轴主要由轴颈、轴头、轴身三

部分组成。在轴上各轴段中，轴与轴承配合的部分称为轴颈，与其他零件配合的部分称为轴头，连接轴颈与轴头的部分称为轴身，轴上截面尺寸变化的部位称为轴肩或轴环。

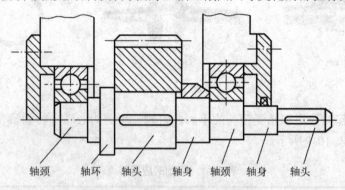

轴颈　　　轴环　　　轴头　　　轴身　　　轴颈　　　轴身　　　轴头

图 10-4　减速器输出轴的结构

一般来说，轴的工艺结构应满足三方面的要求：轴上零件应有可靠的固定（轴向和周向）；便于轴上零件的安装与拆卸；轴应便于加工并尽量避免或减小应力集中。

？思考

现在我们进一步观察图 10-4 所示的减速器输出轴的结构特点，安装在其上的齿轮要求相对于轴要能可靠的固定，才能保证机器正常工作。那么，我们采用什么样的方法对其实现固定呢？

2．轴上零件的固定

1）轴上零件的轴向固定

轴上零件轴向固定的目的是为了保证零件在轴上有确定的轴向位置，防止零件做轴向移动，并能承受轴向力。图 10-4 所示的减速器输出轴上各传动件均进行了轴向固定。

轴上零件常用的轴向固定的方法及应用特点如表 10-2 所示。

表 10-2　轴上零件常用的轴向固定的方法及应用特点

轴向固定方法	结构简图	应用特点
轴肩与轴环		结构简单，定位可靠，能承受较大的轴向力，广泛用于轴上零件（带轮、齿轮、联轴器等）的轴向固定

续表

轴向固定方法	结构简图	应用特点
套筒		结构简单，并能简化轴的结构，常用于轴上两相邻零件间距较小的场合，但不适用于高速轴
圆螺母		固定可靠，可承受较大的轴向力，多用于轴的中部，或者不希望轴套太长或无法采用轴套时采用
圆锥面		能消除轴与轮毂间的径向间隙，装拆方便，常用于无轴肩或轴环的轴端零件的轴向固定
弹性挡圈		结构简单，装拆方便，但承受轴向力较小，常用于轴承的固定
紧定螺钉		结构简单，承受力很小，不宜用于高速传动，一般在传递载荷很小时采用。这种方法兼有轴向和周向固定作用
轴端挡圈		这种方法装拆方便，适用于轴端处零件的固定。一般采用垫片锁紧装置防止螺钉松动

2）轴上零件的周向固定

轴上零件除需要进行轴向固定外，还需要进行周向固定。轴上零件周向固定的目的是为了保证轴能可靠地传递运动和转矩，防止零件与轴产生相对转动。轴上零件的周向固定方法主要有键连接、销连接、紧定螺钉连接和过盈配合连接等，如图 10-5 所示。

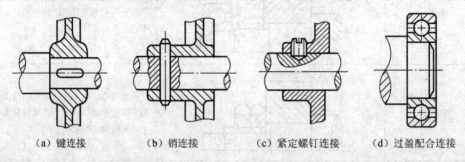

（a）键连接　　　　（b）销连接　　　　（c）紧定螺钉连接　　　（d）过盈配合连接

图 10-5　周上零件的周向固定方法

在轴上零件的周向固定方法中，一般齿轮、联轴器等通常采用键连接（受力较大时采用花键连接）；受力较小或光轴上的零件可用销连接或紧定螺钉连接；滚动轴承采用过盈配合连接。图 10-4 所示的减速器输出轴上的齿轮采用了键连接，而轴承采用了过盈配合连接。

3. 轴的结构工艺性

轴的结构工艺性是指轴的结构形式应便于加工，便于轴上零件的装配及使用、维修。合理的结构工艺性可提高轴的强度，降低成本，并且能提高生产效率。所以，在满足使用要求的前提下，轴的结构形式应尽量简化。设计时应主要考虑以下几个方面。

（1）轴的结构和形状应力求简单，对于台阶轴，台阶数尽可能少且直径分布应是中间大、两端小，以便于轴上零件的装拆。

（2）轴端、轴颈、轴肩（或轴环）的过渡部位应有倒角或过渡圆角（图 10-6），且应使同一轴上的过渡圆角半径相同及倒角大小一致。设置倒角的目的是便于装配，避免划伤配合表面；轴肩或轴环处采用过渡圆角的目的是减小应力集中。

（3）轴上需加工螺纹或磨削时，要留有螺纹退刀槽（图 10-7）和砂轮越程槽（图 10-8）。

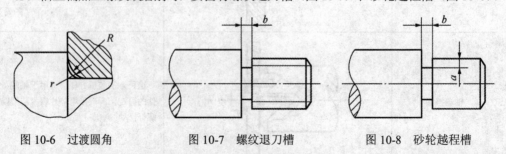

图 10-6　过渡圆角　　　　　图 10-7　螺纹退刀槽　　　　　图 10-8　砂轮越程槽

（4）轴上有多个键槽时，应将其安排在同一直线上，且键槽宽度应尽量一致。

（5）为了便于轴的加工及保证轴的精度（同轴度），必要时应设置中心孔。

10.2 滚 动 轴 承

？思考

观察图 10-9 所示的齿轮减速器中的传动轴，是由滚动轴承来支承的。在实际应用中，由于机械设备的工作状况不同而采用不同类型的滚动轴承。那么，这些轴承在使用上和结构上有哪些类型和特点呢？

图 10-9　滚动轴承在齿轮减速器中的应用

在机械设备中，轴承是支承转动的轴及轴上零件，并保持轴的正常工作位置和旋转精度的部件，分为滚动轴承和滑动轴承两类。

10.2.1　滚动轴承的结构

如图 10-10 所示，滚动轴承一般由内圈、外圈、滚动体和保持架组成。内圈装在轴颈上，与轴一起转动；外圈装在机座的轴承孔内固定不动。内、外圈上制有滚道，当内圈和外圈相对旋转时，滚动体沿着滚道滚动。

保持架的作用是把滚动体沿滚道均匀地隔开，以减少滚动体之间的摩擦和磨损。

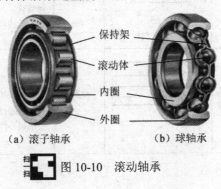

（a）滚子轴承　　　　　（b）球轴承

图 10-10　滚动轴承

滚动体有多种形状，常见的滚动体的形状如图 10-11 所示。

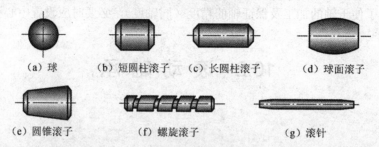

（a）球 （b）短圆柱滚子 （c）长圆柱滚子 （d）球面滚子

（e）圆锥滚子 （f）螺旋滚子 （g）滚针

图 10-11 常见的滚动体的形状

10.2.2 滚动轴承的类型

为满足各种不同的工况条件的要求，滚动轴承有多种不同的类型。常用的滚动轴承的类型和基本特性如表 10-3 所示。

表 10-3 常用的滚动轴承的类型和基本特性

轴承名称	结构图	简图及承载方向	扫一扫	基本特性
调心球轴承			扫一扫	外圈滚道表面是以轴承中点为中心，故能自动调心，允许内圈（轴）对外圈（外壳）轴线有小量偏斜（<2°～3°）。有少量轴向限位能力，但一般不宜承受纯轴向载荷
调心滚子轴承			扫一扫	外圈滚道表面是以轴承中点为中心，允许内圈（轴）相对于外圈（外壳）轴线有小量偏斜（<1.5°～2.5°），故能自动调心。有少量轴向限位能力，但一般不宜承受纯轴向载荷。与调心球轴承相比，调心滚子轴承有较大的径向承载能力
推力调心滚子轴承			—	能承受很大的轴向载荷，在承受轴向载荷的同时还可以承受径向载荷，但径向载荷一般不得超过轴向载荷的 55%。适用于重载和要求调心性能好的场合

续表

轴承名称	结构图	简图及承载方向	扫一扫	基本特性
圆锥滚子轴承			扫一扫	可以同时承受径向载荷及轴向载荷。外圈可分离，安装时可调整轴承的游隙。一般成对使用。对于接触角为 10°～18° 的圆锥滚子轴承（30000 型），以承受径向载荷为主；对于大接触角（27°～30°）的圆锥滚子轴承（30000B 型），以承受轴向载荷为主
双列深沟球轴承			—	主要承受径向载荷，也能承受一定的双向轴向载荷。它比深沟球轴承的承载能力大
推力球轴承			扫一扫	只能承受轴向载荷。为了防止钢球与滚道之间滑动，工作时必须加一定的轴向载荷。高速时离心力大，钢球与保持架摩擦，发热严重，寿命降低，故极限转速很低。工作时必须保持轴线与轴承座底面垂直，载荷必须与轴线重合，以保证钢球载荷的均匀分配。该类轴承可分为单列推力球轴承和双列推力球轴承。单列推力球轴承只能承受单方向的推力，而双列推力球轴承可以承受双向推力
深沟球轴承			扫一扫	主要承受径向载荷，也可以同时承受较小的轴向载荷。当量摩擦系数最小。在高转速时，可用来承受纯轴向载荷。工作中允许内、外圈轴线偏斜量 8′～16′，与其他类型的轴承相比，应用最普遍，价格也最低
角接触球轴承			扫一扫	可以同时承受径向载荷及轴向载荷，也可以单独承受轴向载荷。能在较高转速下正常工作。由于一个轴承只能承受单向的轴向力，因此，一般成对使用。承受轴向载荷的能力由接触角 α 决定。接触角大，承受轴向载荷的能力也高，常用角接触轴承的接触角有 15°、25° 和 40° 3 种

续表

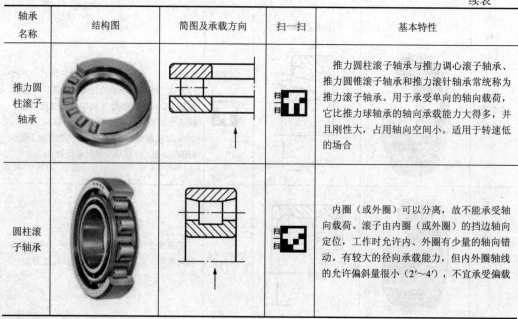

轴承名称	结构图	简图及承载方向	扫一扫	基本特性
推力圆柱滚子轴承			扫一扫	推力圆柱滚子轴承与推力调心滚子轴承、推力圆锥滚子轴承和推力滚针轴承常统称为推力滚子轴承。用于承受单向的轴向载荷，它比推力球轴承的轴向承载能力大得多，并且刚性大，占用轴向空间小。适用于转速低的场合
圆柱滚子轴承			扫一扫	内圈（或外圈）可以分离，故不能承受轴向载荷。滚子由内圈（或外圈）的挡边轴向定位，工作时允许内、外圈有少量的轴向错动。有较大的径向承载能力，但内外圈轴线的允许偏斜量很小（2'～4'），不宜承受偏载

？思考

基于不同机械，因工作状况的不同而有类型繁多的滚动轴承，同一类型的轴承又有各种不同的结构，且规格尺寸也不尽相同。想一想，在实际应用中，我们怎样才能方便地进行选择和使用呢？

10.2.3　滚动轴承的代号

滚动轴承的类型很多，为了便于生产、设计和选用，国家标准对滚动轴承的类型、类别、结构特点、精度和技术要求等规定了相应的代号。通常将其代号压印在轴承的端面上。国家标准规定，滚动轴承的代号由前置代号、基本代号和后置代号组成，其中基本代号是滚动轴承代号的核心。滚动轴承代号的构成如表10-4所示。

表10-4　滚动轴承代号的构成

前置代号	基本代号					后置代号							
	五	四	三	二	一	1	2	3	4	5	6	7	8
成套轴承分部件代号	类型代号	尺寸系列代号		内径代号		内部结构代号	密封与防尘结构代号	保持架及其材料代号	轴承材料代号	公差等级代号	游隙代号	配置代号	其他代号
		宽度系列代号	直径系列代号										

注：国家标准对滚针轴承的基本代号另有规定。

1. 基本代号

基本代号表示轴承的基本类型、结构和尺寸，一般由轴承类型代号、尺寸系列代号和内径代号组成，如表 10-5 所示。

表 10-5　滚动轴承基本代号

基本代号		
类型代号	尺寸系列代号	内径代号

注：类型代号用阿拉伯数字（以下简称数字）或大写拉丁字母（以下简称字母）表示，尺寸系列代号和内径代号用数字表示。

1）类型代号

轴承的类型代号由数字或字母表示，如表 10-6 所示。

表 10-6　轴承的类型代号

代号	轴承类型	代号	轴承类型
0	双列角接触球轴承	N	圆柱滚子轴承
1	调心球轴承		双列或多列用字母 NN 表示
2	调心滚子轴承和推力调心滚子轴承	U	外球面球轴承
3	圆锥滚子轴承	QJ	四点接触球轴承
4	双列深沟球轴承		
5	推力球轴承		
6	深沟球轴承		
7	角接触球轴承		
8	推力圆柱滚子轴承		

注：在表中代号后或前加字母或数字表示该类轴承中的不同结构。

2）尺寸系列代号

尺寸系列代号由轴承的宽（高）度系列代号和直径系列代号组成，用两位数字表示，前一位数字为宽（高）度系列代号，后一位数字为直径系列代号。向心轴承、推力轴承尺寸系列代号如表 10-7 所示。

表 10-7　向心轴承、推力轴承尺寸系列代号

直径系列代号	向心轴承								推力轴承			
	宽度系列代号								高度系列代号			
	8	0	1	2	3	4	5	6	7	9	1	2
	尺寸系列代号											
7	—	—	17	—	37	—	—	—	—	—	—	—
8	—	08	18	28	38	48	58	68	—	—	—	—
9	—	09	19	29	39	49	59	69	—	—	—	—
0	—	00	10	20	30	40	50	60	70	90	10	—
1	—	01	11	21	31	41	51	61	71	91	11	—

续表

直径系列代号	向心轴承								推力轴承			
	宽度系列代号								高度系列代号			
	8	0	1	2	3	4	5	6	7	9	1	2
	尺寸系列代号											
2	82	02	12	22	32	42	52	62	72	92	12	22
3	83	03	13	23	33	—	—	—	73	93	13	23
4	—	04	—	24	—	—	—	—	74	94	14	24
5										95		

（1）宽（高）系列代号。宽（高）系列代号表示内径、外径相同而宽（高）度不同的轴承系列。以圆锥滚子轴承为例的宽度系列示意图如图 10-12 所示。

（2）直径系列代号。直径系列代号表示内径相同而具有不同外径的轴承系列。以深沟球轴承为例的直径系列示意图如图 10-13 所示。

代号标注规定：在轴承类型代号中，类型代号"0"省略不标注；在尺寸系列代号中，除圆锥滚子轴承（3类）外，宽度系列代号"0"省略不标注。

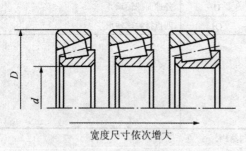

图 10-12　宽度系列示意图

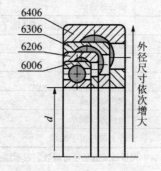

图 10-13　直径系列示意图

3）内径代号

内径代号表示轴承的内径尺寸，用两位数字表示，表示方法如表 10-8 所示。

表 10-8　内径代号的表示方法

轴承公称内径/mm		内径代号	示例
0.6 到 10（非整数）		用公称内径毫米数直接表示，在其与尺寸系列代号之间用"/"分开	深沟球轴承 618/2.5 d=2.5mm
1 到 9（整数）		用公称内径毫米数直接表示，对深沟及角接触球轴承 7，8，9 直径系列，内径与尺寸系列代号之间用"/"分开	深沟球轴承 625　618/5 d=5mm
10 到 17	10	00	深沟球轴承 6200 d=10mm
	12	01	
	15	02	
	17	03	

轴承公称直径/mm	内径代号	示例
20 到 480（22，28，32 除外）	公称内径除以 5 的商数，商数为个位数，需在商数左边加"0"，如 08	调心滚子轴承 23208 d=40mm
大于和等于 500 及 22，28，32	用公称内径毫米数直接表示，但在与尺寸系列之间用"/"分开	调心滚子轴承 230/500 d=500mm 深沟球轴承 62/22 d=22mm

2. 前置代号和后置代号

前置代号和后置代号是轴承代号的补充，只有在轴承的结构形状、尺寸、公差、技术要求等有改变时才使用，其排列如表 10-9 所示。

表 10-9　前置代号和后置代号的排列

前置代号	基本代号	后置代号（组）							
		1	2	3	4	5	6	7	8
成套轴承分部件		内部结构	密封与防尘套圈变型	保持架及其材料	轴承材料	公差等级	游隙	配置	其他

1）前置代号

前置代号用字母表示。代号及其含义如表 10-10 所示。

表 10-10　前置代号

代号	含义	示例
L	可分离轴承的可分离内圈或外圈	LNU 207 LN 207
R	不带可分离内圈或外圈的轴承 （滚针轴承仅适用于 NA 型）	RNU 207 RNA 6904
K	滚子和保持架组件	K 81107
WS	推力圆柱滚子轴承轴圈	WS 81107
GS	推力圆柱滚子轴承座圈	CS 81107

2）后置代号

后置代号置于基本代号的右边并与基本代号空半个汉字距（代号中有符号"–""/"除外）。当改变项目多，具有多组后置代号时，按表 10-9 所列从左至右的顺序排列。

以下仅对后置代号中的部分内容作简要介绍。

（1）内部结构代号是以字母表示轴承内部结构的变化情况。例如，角接触球轴承的 3 种不同公称接触角（滚动体于外圈滚道接触点的法线和轴承径向间的夹角称为接触角，用 α 表示。轴承静止且不受载荷作用时的接触角称为公称接触角）。其内部结构代号分别表示为：公称接触角 α=15°时，标注代号为 C；公称接触角 α=25°时，标注代号为 AC；公称接触角 α=40°时，标注代号为 B。

（2）公差等级代号。滚动轴承的公差等级共分 6 级，其代号用"/P+数字"表示，数字代表公差等级，如表 10-11 所示。精度等级越高，价格也越高，在满足使用要求的前提下，应尽量选用/P0 级（轴承代号中省略不标注）。

表 10-11　公差等级代号

代号	/P0	/P6	/P6x	/P5	/P4	/P2
公差等级	0 级	6 级	6x 级	5 级	4 级	2 级
说明	普通精度	精度高于 0 级	精度高于 0 级，仅适用于圆锥滚子轴承	精度高于 6 级、6x 级	精度高于 5 级	精度高于 4 级

（3）游隙代号。游隙是指轴承内圈和外圈之间的相对极限位移量。游隙代号用"/C+数字"表示，数字为游隙组号。游隙组分为 1、2、0、3、4、5 六组，游隙量按顺序由小到大排列，0 组为基本游隙。

标注说明：游隙中的基本游隙"/C0"在代号中省略不标注；轴承的公差等级代号与游隙代号需同时表示时，可用公差等级代号加上游隙组号组合表示。例如，/P63 表示轴承的公差等级为 6 级，径向游隙为 3 组。

3. 滚动轴承代号示例

滚动轴承代号的表示方法举例如下。

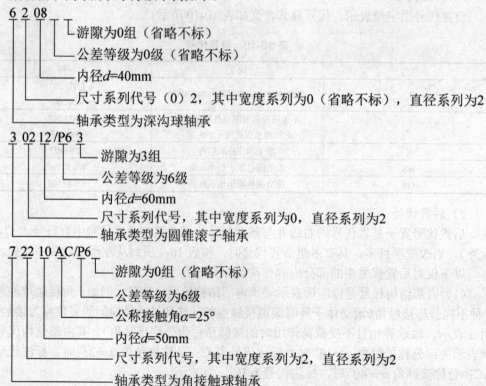

6 2 08
└── 游隙为0组（省略不标）
└── 公差等级为0级（省略不标）
└── 内径d=40mm
└── 尺寸系列代号（0）2，其中宽度系列为0（省略不标），直径系列为2
└── 轴承类型为深沟球轴承

3 02 12 /P6 3
└── 游隙为3组
└── 公差等级为6级
└── 内径d=60mm
└── 尺寸系列代号，其中宽度系列为0，直径系列为2
└── 轴承类型为圆锥滚子轴承

7 22 10 AC /P6
└── 游隙为0组（省略不标）
└── 公差等级为6级
└── 公称接触角α=25°
└── 内径d=50mm
└── 尺寸系列代号，其中宽度系列为2，直径系列为2
└── 轴承类型为角接触球轴承

？思考

　　不同类型的滚动轴承具有不同的特性,且不同的机械其工作状况、受载情况也是各异的。想一想,在实际应用中,为保证机械设备良好的运行,怎样选择适宜的滚动轴承呢?

10.2.4　滚动轴承类型的选择

　　各类滚动轴承有不同的特性,因此,在选择滚动轴承的类型时,必须根据轴承实际工作情况合理选择。一般应考虑的因素包括轴承所受载荷的大小、方向和性质,轴承的转速及调心性能要求,尽可能做到经济合理且满足使用要求。

　　滚动轴承的具体选择说明如下。

　　(1)球轴承较滚子轴承便宜,且适应的转速高,但承载能力较滚子轴承低,抗冲击性能差。因此,载荷小、转速高时,选用球轴承,反之选用滚子轴承。

　　(2)只承受径向载荷作用,载荷小且无冲击,转速高时,选用深沟球轴承;载荷大且有冲击、振动时,选用圆柱滚子轴承。

　　(3)只承受轴向载荷作用,载荷小、转速低,选用推力球轴承;载荷大、转速低,选用推力圆柱球轴承;转速高时,选用角接触球轴承。

　　(4)同时承受径向和轴向载荷,但轴向载荷很小,无论转速高低,选用深沟球轴承或调心球轴承。

　　(5)同时承受径向和轴向载荷,轴向载荷较小,转速高且平稳时,选用深沟球轴承;轴向载荷较大,转速低时,选用圆锥滚子轴承,转速高时,选用角接触球轴承。

　　(6)同时承受径向和轴向载荷,但轴向载荷很大时,可选用推力轴承与向心轴承的组合。

　　(7)两轴承支点跨距大,轴的刚性差,或者两轴承孔存在较大的同轴度误差,转速高时,选用调心球轴承;转速低时,选用调心滚子轴承。

　　(8)普通结构的轴承较特殊结构的轴承便宜,球轴承较滚子轴承便宜,调心滚子轴承最贵。只要能满足使用的基本要求,应尽可能选用普通结构的轴承。同型号的轴承精度等级越高,其价格也越高。因此,在满足使用要求的前提下,尽可能选用/P0级,只有对回转精度有较高要求时,才选用相应公差等级的轴承。

10.3　滑　动　轴　承

？思考

　　观察图10-14所示的单缸内燃机曲柄滑块机构中的连杆,实际上连杆与曲轴、连杆与活塞销轴间都采用了滑动轴承。想一想,为什么不采用滚动轴承呢?

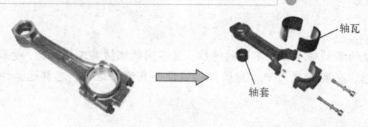

图 10-14 滑动轴承的应用

10.3.1 滑动轴承的结构

图 10-15 所示为典型的剖分式滑动轴承，主要由滑动轴承座、轴承盖和轴瓦（轴套）组成。装有轴瓦或轴套的壳体称为轴承座。

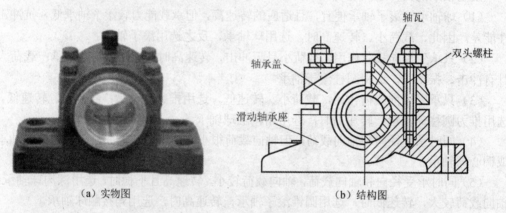

（a）实物图   （b）结构图

图 10-15 剖分式滑动轴承

滑动轴承按承受载荷的方向不同，分为径向滑动轴承（承受径向载荷）、止推滑动轴承（承受轴向载荷）和径向止推滑动轴承（同时承受径向载荷和轴向载荷）3 种形式。

常用径向滑动轴承的结构及应用特点如表 10-12 所示。

表 10-12 常用径向滑动轴承的结构及应用特点

类型		结构简图		应用特点	扫一扫
径向滑动轴承	整体式	实物图	轴瓦	结构简单，价格低廉，但轴的装拆不方便，磨损后轴承的径向间隙无法调整，适用于轻载、低速或间歇工作的场合	扫一扫

类型	结构简图	应用特点	扫一扫
剖分式	实物图　　　　　　　　　轴瓦	装拆方便，应用广泛	
调心式 （自位式）	示意图　　　　　　　　　实物图	轴瓦与轴承座之间为球面接触，轴瓦可以自动调位，以适应轴受力弯曲时轴线产生的倾斜	扫一扫

与滚动轴承相比，滑动轴承的主要优点是运转平稳、可靠，径向尺寸小，承载能力大，抗冲击能力强，能获得很高的旋转精度，能实现液体润滑，以及能在较恶劣的条件下工作。它适用于低速、重载或者转速特别高、对轴的支承精度要求较高及径向尺寸受限制的场合，如内燃机、大型发电机、绞车和手动起重机等机械。

10.3.2　轴瓦的结构和材料

轴瓦是径向滑动轴承中与轴颈相配的对开式元件。常见的轴瓦分为整体式[图 10-16（a）]和剖分式［图 10-16（b）］两种结构。为便于润滑油导入整个摩擦面间，在轴瓦上开设注油孔和油槽。油槽应开在非承载区，为了使润滑油能均匀地分布在整个轴颈上，油槽应有足够的长度，但不应开通，以免润滑油流失，一般取轴瓦长度的 80%。

（a）整体式

（b）剖分式

图 10-16　轴瓦的结构

轴瓦的材料应根据轴承的工作情况选择，由于轴承在使用时会产生摩擦、磨损发热等问题，因此，要求轴瓦材料具有良好的减摩性、耐磨性和抗胶合性，以及足够的强度、易跑合、易加工等性能。常用的轴瓦材料有轴承合金、铜合金、粉末冶金、铸铁及非金属材料等。

10.3.3 滑动轴承的润滑

滑动轴承润滑的目的是减少工作表面间的摩擦和磨损，同时起冷却、散热、防锈蚀及减振等作用。合理、正确地润滑对保证机器正常运转、延长使用寿命、提高效率具有重要的意义。

滑动轴承的润滑有连续式供油润滑和间歇式供油润滑两种方式，前者多用于重要的轴承。常用的滑动轴承的润滑方式如表 10-13 所示。

表 10-13　常用的滑动轴承的润滑方式

润滑方式		装置简图	说明
连续式润滑	滴油润滑		用于油润滑，将手柄置于垂直位置，针阀上升，油孔打开滴油；手柄置于水平位置，针阀降至原位，停止供油。旋转螺母可调节注油量的大小
	油环润滑	轴颈　油环	用于油润滑，油环套在轴颈上并垂入油池，轴旋转时，靠摩擦力带动油环转动，将润滑油带至轴颈处润滑。这种润滑方式结构简单、工作可靠，适用于转速在 100～200r/min 的场合
	压力润滑	油泵　轴颈　油箱	用于油润滑，利用油泵的工作压力将润滑油送入轴承润滑。这种润滑方式工作可靠，但结构复杂，密封要求高，适用于大型、重载、高速、精密和自动化机械设备
间歇式润滑	压力润滑	杯盖　杯体　旋盖式油杯　压配式油杯	用于润滑脂润滑，旋盖与油杯采用螺纹连接，在杯体内装满润滑油脂，定期旋转杯盖，可将润滑脂挤入轴承内。也可采用压配式油杯，将钢球压下可注入润滑脂

第 11 章　联轴器、离合器和制动器

在人们的生产、生活中，有许多机械设备需要利用联轴器、离合器或制动器才能保证正常工作，如卷扬机、供暖设备、汽车、运输机械、重型机械等。联轴器和离合器是机械传动中常用的连接部件，而离合器类似开关，能方便地结合或断开动力的传递，广泛用于机械传动系统的启动、停止、换向及变速等操作。在一些机械设备中，为了降低运动部件的速度或使其停止，就要利用制动器。

本章介绍联轴器、离合器和制动器的类型、结构及应用特点。

11.1　联 轴 器

？思考

观察图 11-1 所示的高压水泵与电动机间的传动连接，你会发现在生产、生活中、有许多机械设备的输入轴用一个连接部件直接与电动机轴相连。想一想，这是为什么？

联轴器

图 11-1　联轴器的应用

联轴器是机械传动中的常用部件，它是用来连接两传动轴，使其一起转动并传递转矩，有时也可作为安全装置。例如，卷扬机传动系统中，联轴器将电动机轴与减速器的输入轴连接起来并传递运动和转矩。

用联轴器连接的两传动轴，在机器工作时不能分离，只有当机器停止运转后，用拆卸的方法才能将它们分开。

联轴器所连接的两轴，由于制造、安装误差或者工作中的磨损、受载变形等原因，常产生轴向位移、径向位移、偏角位移和综合位移，如图 11-2 所示。

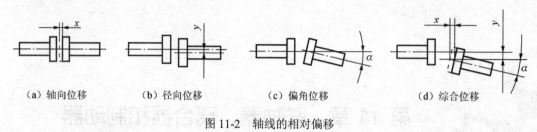

（a）轴向位移　　　　（b）径向位移　　　　（c）偏角位移　　　　（d）综合位移

图 11-2　轴线的相对偏移

联轴器按结构和功能的不同，可分为刚性联轴器、挠性联轴器和安全联轴器三大类。

11.1.1　刚性联轴器

刚性联轴器是指不能补偿两轴有相对位移的联轴器，其不具有缓冲、吸振的性能。常用的刚性联轴器有凸缘联轴器、套筒联轴器等。其中，应用最广的是凸缘联轴器。它是把两个带有凸缘的半联轴器用键分别与两轴连接，然后用螺栓把两个半联轴器连接成一体，以传递运动。常用刚性联轴器的类型、结构特点及应用如表 11-1 所示。

表 11-1　常用刚性联轴器的类型、结构特点及应用

类型	图例	结构特点及应用
刚性联轴器	凸缘联轴器	利用两半联轴器上的凸肩与凹槽相嵌合而对中。结构简单，装拆方便，可传递较大的转矩。适用于两轴对中性好、低速、载荷平稳及轴的刚性高的场合
	套筒联轴器	利用公用套筒，以某种方式连接两轴。结构简单，径向尺寸小，对中性好，通常用于传递转矩较小的场合。被连接轴的直径一般不大于 60～70mm

11.1.2　挠性联轴器

挠性联轴器是指能够补偿被连接两轴相对位移的联轴器。这种联轴器分为无弹性元件挠性联轴器和有弹性元件挠性联轴器两类。

1. 无弹性元件挠性联轴器

无弹性元件挠性联轴器常用的有十字轴式万向联轴器、滑块联轴器和齿轮联轴器 3

种。其结构特点及应用如表 11-2 所示。

表 11-2　无弹性元件挠性联轴器的结构特点及应用

类型	图例	结构特点及应用
无弹性元件挠性联轴器	十字轴式万向联轴器	利用十字轴式中间件，以实现不同轴线间的两轴连接。结构简单，装拆方便，可传递较大的转矩。适用于两轴对中性好、低速、载荷平稳、轴的刚性好的场合
	滑块联轴器	利用中间块，在其两半联轴器端面的相应径向槽内滑动，以实现两半联轴器的连接。结构简单，径向尺寸小，但连接的两轴拆卸时需作轴向移动。通常用于传递转矩较小的场合。被连接轴的直径一般不大于 60～70mm
	齿轮联轴器	具有良好的补偿性，允许有综合位移。可在高速、重载下可靠地工作，但质量大，成本高，因此多用于重型机械中

2. 有弹性元件挠性联轴器

有弹性元件挠性联轴器是指利用弹性元件的弹性变形，以补偿两轴的相对位移，缓和冲击、吸收振动的挠性联轴器，常用的有弹性套柱销联轴器、弹性柱销联轴器。其结构特点及应用如表 11-3 所示。

表 11-3　有弹性元件挠性联轴器的结构特点及应用

类型	图例	结构特点及应用
有弹性元件挠性联轴器	柱销　橡胶圈 弹性套柱销联轴器	结构与凸缘联轴器相似，利用弹性套的变形来补偿两轴的相对位移。制造容易，装拆方便，成本较低，但使用寿命短。适用于传递转矩较小但启动频繁、转速高的场合

续表

类型	图例	结构特点及应用
有弹性元件挠性联轴器	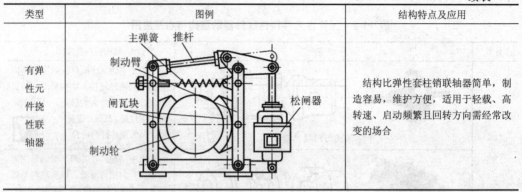	结构比弹性套柱销联轴器简单,制造容易,维护方便,适用于轻载、高转速、启动频繁且回转方向需经常改变的场合

11.1.3 安全联轴器

安全联轴器是指具有过载安全保护功能的联轴器。当机器过载或受到冲击时连接件（销）会被剪断，从而避免机器中重要零部件及薄弱环节受到损坏。常用的棒销剪切式安全联轴器如图 11-3 所示。

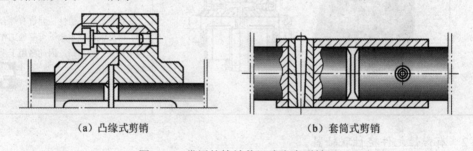

（a）凸缘式剪销   （b）套筒式剪销

图 11-3 常用的棒销剪切式安全联轴器

销套的作用是避免销被剪断时，损伤联轴器和被连接件的销孔。为了改善或加强安全联轴器剪销的剪切效果，通常在销的预被剪断处预先切出环槽。

11.2 离 合 器

？思考

在人们的现代生活中，汽车走进了千家万户。汽车在行驶过程中，根据需要进行换挡变速，运行过程中还会制动刹车。想一想，采用什么装置才能实现这一功能呢?

11.2.1 离合器概述

在机器的运转过程中，由于联轴器连接的两轴不能分开，因此在一些应用中受到制约。例如，汽车从启动到正常行驶过程中，根据需要须进行换挡变速，为保证换挡平稳，减少冲击和振动，需要暂时断开发动机与变速箱的连接，待换挡变速后再逐渐接合。显然，联轴器不能满足这种要求。通常采用离合器解决这个问题。图 11-4 所示为汽车变速箱中离合器的工作原理。

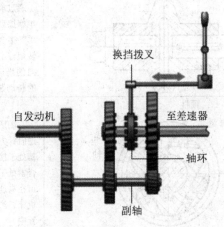

图 11-4　汽车变速箱中离合器的工作原理

离合器的功用是连接两传动轴，使其一起转动并传递转矩或者使其分离。另外，离合器也可用于过载保护，通常用于机械传动系统的启动、停止、换向及变速等操作。离合器连接的两轴，在机器运转过程中可以随时接合或分离。

对离合器的要求是：工作可靠，接合平稳，分离迅速而彻底，动作准确，调节与维修方便，操纵方便、省力，结构简单等。

11.2.2 常用的离合器

常用离合器的类型、结构特点及应用如表 11-4 所示。

表 11-4　常用离合器的类型、结构特点及应用

类型	图例	结构特点及应用
牙嵌离合器		利用两半离合器上的端面齿组成嵌合副，通过操纵杆使右半离合器轴向移动，使离合器接合或分离。结构简单，外廓尺寸小，适用于低速状态下的接合

续表

类型	图例	结构特点及应用
齿形离合器		利用内、外齿组成嵌合副实现离合器的接合。操作方便，多用于机床变速箱内
摩擦离合器		通过操纵手柄使左半摩擦盘压紧在右半摩擦盘上实现接合，反之分离。结构简单，接合平稳，有过载保护作用，但传递转矩较小，用于经常启动、制动、频繁换向的场合，如汽车、拖拉机的传动装置中等
超越离合器	顶柱　滚柱　弹簧　星轮　齿圈　轴	左图所示为滚柱式超越离合器。当星轮逆时针方向旋转时，因滚柱楔紧而使离合器处于接合状态；星轮顺时针旋转时则离合器处于分离状态。接合平稳，无噪声，可在高速运转中接合，广泛用于金属切削机床、汽车、摩托车等传动装置中

11.3 制 动 器

？思考

当人们在驾驶汽车的过程中，会遇到各种不同的路况情况，降速或刹车是不可避免的。试想高速运行的汽车如果制动系统损坏失灵会是什么结果？

11.3.1 制动器概述

制动器在机械设备中的功用，就是为了降低某些运动部件的转速或使其停止。例如，汽车减速制动是通过制动器来实现的，如图 11-5 所示的汽车盘式制动器。

图 11-5　汽车盘式制动器

制动器是利用摩擦力矩来降低机器运动部件的速度或者使其停止回转的装置。其构造和性能必须满足以下要求。

（1）能产生足够的力矩。

（2）结构简单，外形紧凑。

（3）制动迅速、平稳、可靠。

（4）制动器的零件要有足够的强度和刚度，要有较高的耐磨性和耐热性。

（5）调整、维修方便。

11.3.2 常用的制动器

按结构特征，制动器一般可分为带式、内涨式、外抱块式等类型。制动器的常用类型、结构特点及应用如表 11-5 所示。

表 11-5 制动器的常用类型、结构特点及应用

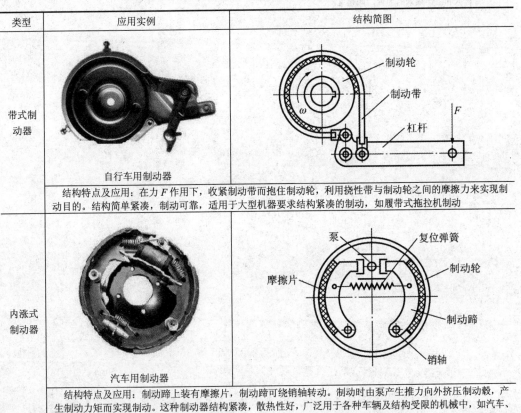

类型	应用实例	结构简图
带式制动器	自行车用制动器	制动轮 制动带 杠杆 F ω
	结构特点及应用：在力 F 作用下，收紧制动带而抱住制动轮，利用挠性带与制动轮之间的摩擦力来实现制动目的。结构简单紧凑，制动可靠，适用于大型机器要求结构紧凑的制动，如履带式拖拉机制动	
内涨式制动器	汽车用制动器	泵 复位弹簧 摩擦片 制动轮 制动蹄 销轴
	结构特点及应用：制动蹄上装有摩擦片，制动蹄可绕销轴转动。制动时由泵产生推力向外挤压制动毂，产生制动力矩而实现制动。这种制动器结构紧凑，散热性好，广泛用于各种车辆及结构受限的机械中，如汽车、拖拉机车轮制动	

续表

类型	应用实例	结构简图
外抱块式制动器	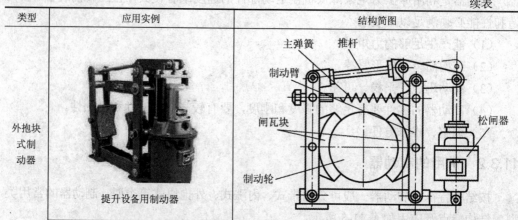 提升设备用制动器	

结构特点及应用：这种制动器为闭式制动器，未操作时处于闭合（制动）状态。当松闸器通入电流时，杠杆系统的推杆推动制动臂，使闸瓦块与制动轮松脱。结构简单，散热性好，间隙调整方便，适用于制动力矩大和工作频繁的场合，如起重机

参 考 文 献

[1] 崔正昀. 机械设计基础[M]. 天津：天津大学出版社，2000.

[2] 高荣元，朱慧敏. 机械基础[M]. 北京：中国劳动社会保障出版社，2011.

[3] 浦如强. 机械基础[M]. 北京：机械工业出版社，2002.

[4] 孙大俊. 机械基础[M]. 4版. 北京：中国劳动社会保障出版社，2007.

[5] 吴宗泽，冼建生. 机械零件设计手册[M]. 2版. 北京：机械工业出版社，2013.

参考文献

机械基础习题册

主 编　王红梅　周亚男

北京理工大学出版社

BEIJING INSTITUTE OF TECHNOLOGY PRESS

内 容 简 介

本教材分三篇共 11 章，主要内容包括带传动，螺旋传动，链传动和齿轮传动，蜗杆传动，轮系，平面连杆机构，凸轮机构，其他常用机构，键和销，轴和轴承，联轴器、离合器和制动器。本教材习题紧扣教学目标和要求，按照内容章节先后顺序编排，知识点分布均衡，题型丰富，难易适当，利于学生巩固所学知识。

本教材可供职业院校机械类专业教学使用，也可作为职工培训使用。

图书在版编目（CIP）数据

机械基础习题册 / 王红梅，周亚男主编.—北京：北京理工大学出版社，2018.3

（机械基础）

ISBN 978-7-5682-5210-2

Ⅰ.①机… Ⅱ.①王… ②周… Ⅲ.①机械学—习题集 Ⅳ.①TH11-44

中国版本图书馆 CIP 数据核字（2018）第 009899 号

出版发行 / 北京理工大学出版社有限责任公司

社　　址 / 北京市海淀区中关村南大街 5 号

邮　　编 / 100081

电　　话 /（010）68914775（总编室）

　　　　　（010）82562903（教材售后服务热线）

　　　　　（010）68948351（其他图书服务热线）

网　　址 / http://www.bitpress.com.cn

经　　销 / 全国各地新华书店

印　　刷 / 定州启航印刷有限公司

开　　本 / 787 毫米×1092 毫米　1/16

印　　张 / 18

字　　数 / 350 千字

版　　次 / 2018 年 3 月第 1 版　2018 年 3 月第 1 次印刷

定　　价 / 75.00 元

责任编辑 / 张荣君

文案编辑 / 张荣君

责任校对 / 周瑞红

责任印制 / 边心超

前　言

为深入贯彻落实党的十九大精神，推进实现教育部印发《教育信息化"十三五"规划》，不断扩大优质教育资源覆盖面，优先提升教育信息化促进教育公平、提高教育质量的能力。推广"一校带多点、一校带多校"的教学和教研组织模式，逐步使依托信息技术的"优质学校带薄弱学校、优秀教师带普通教师"模式制度化。按照职业院校"十三五"发展规划目标，以完善办学功能、注重内涵发展、提高办学质量为宗旨，不断深化人才培养模式和教学模式的改革创新，加快学校专业课程体系和精品课程的建设，我们组织了具有丰富教学经验的教师和教学一线的优秀教师，按照新教学模式的要求，并结合本校和学生实际，编写了本习题册。

本习题册是《机械基础》教材的配套用书。所选习题紧扣教学目标和要求，按照内容章节先后顺序编排，知识点分布均衡，其中部分带*号的习题是对教学内容的进一步补充。本习题册习题类型丰富，难易适当，便于教师教学和学生练习，体现了机械基础课程的特色。

由于编者水平有限，书中难免有不足之处，敬请读者批评指正。

编　者

目　录

第二篇 常用机构

第三篇 轴系零件

绪　　论

一、填空题

1. 机器一般由_____、_____、_____、_____四部分组成。
2. 零件是机器及各种设备的_____。
3. 机器是人们根据使用要求而设计的一种执行_____的装置，可以用来_____或_____能量、物料与信息，从而_____人类的体力劳动和脑力劳动。
4. 机构是具有_____的构件组合，是用来传递_____的构件系统。

二、判断题

*1. 机构可以用于做功或转换能量。　　　　　　　　　　　　　　（　　）
2. 构件是由若干个零件组成的。　　　　　　　　　　　　　　　（　　）
3. 构件是运动的单元，而零件是制造的单元。　　　　　　　　　（　　）
*4. 机构是具有相对运动构件的组合。　　　　　　　　　　　　　（　　）
5. 如果不考虑做功或者实现能量转换，只从结构和运动的观点来看，机构和机器之间是没有区别的。　　　　　　　　　　　　　　　　　　　（　　）
6. 构件可以是一个零件，也可以是若干个零件的组合。　　　　　（　　）
*7. 在功用上，机构只能用来传递或变换运动的形式。　　　　　　（　　）
8. 在单缸内燃机的曲柄滑块机构中，曲轴是一个构件，而不是零件。（　　）

三、选择题

1. （　　　）是用来减轻人的劳动，完成做功或者实现能量转换的装置。
   A. 机器
   B. 机构
   C. 构件
2. 下列装置中，属于机器的是（　　　）。
   A. 内燃机
   B. 台虎钳
   C. 游标卡尺
3. 在内燃机曲柄滑块机构中，连杆是由连杆盖、连杆体、螺栓及螺母等组成的。其中，连杆属于（　　），连杆体、连杆盖属于（　　）。
   A. 零件

B．机构

    C．构件

4.（　　）是用来变换物料的机器。

    A．电动机

    B．手机

    C．缝纫机

5.金属切削机床的主轴、滑板属于机器的（　　）部分。

    A．执行

    B．传动

    C．动力

*6.我们通常用（　　）一词作为机构和机器的总称。

    A．机构

    B．机器

    C．机械

7.电动机属于机器的（　　）部分。

    A．执行

    B．传动

    C．动力

*8.机器和机构的本质区别在于（　　）。

    A．是否做功或者实现能量转换

    B．是否能传递或转换运动

    C．各构件间是否产生相对运动

四、简答题

1.简述机器与机构在功用上的区别。

2.简述机器的组成及其各部分的作用。

第一篇 机械传动

第1章 带传动

1.1 平带传动

一、填空题

1. 带传动一般由_____、_____和_____组成，依靠_____与_____接触面间产生的_____或_____来传递运动和动力。

2. 摩擦型带传动可分为平带传动、_____传动、_____传动和_____传动。

3. 带传动的传动比是_____与_____之比，通常用____表示。

4. 如图 1-1 所示平带传动，图 1-1（a）的传动形式为_____，两轮的转向_____；图 1-1（b）的传动形式为_____，两轮的转向_____。

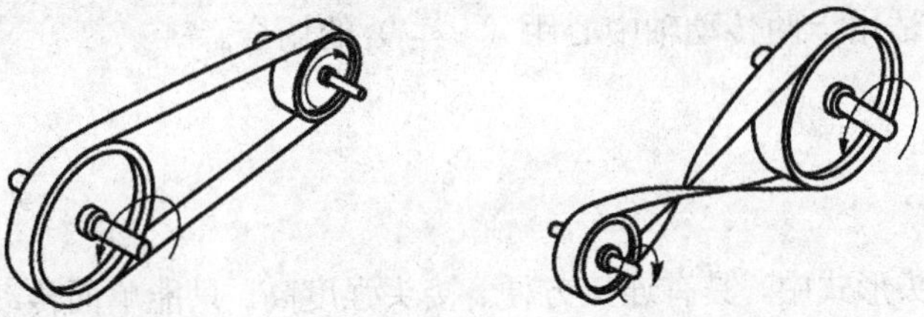

（a）   （b）

图 1-1

5. 带轮的包角是指带与带轮接触弧长所对应的_____。对于平带传动，一般要求小带轮包角 $\alpha_i \geqslant$ _____。

6. 平带常见的接头形式有_____接头、_____接头和_____接头。

二、判断题

1. 带传动属于摩擦传动。 （　　）

2. 摩擦型带传动的传动比都不准确。 （　　）

*3. 平带传动是利用带的底面与带轮之间的摩擦力来传递运动和动力的。　　（　　）

*4. 对于 $i \neq 1$ 的开口式平带传动，两带轮直径不变，中心距越大，小带轮上的包角也越大。　　　　　　　　　　　　　　　　　　　　　　　　　（　　）

5. 平带一般按需要截取长度，然后用接头连接成环状。　　　　　　（　　）

6. 平带传动适用于两轴中心距较大的场合。　　　　　　　　　　　（　　）

7. 平带传动中，过载会产生打滑现象，而打滑是可以避免的。　　　（　　）

三、选择题

*1. 带传动是依靠（　　）来传递运动和动力的。

　　A. 主轴的动力

　　B. 主动轮的转速

　　C. 带与带轮间的摩擦力

2. 平带传动一般不（　　）。

　　A. 应用于要求结构紧凑的场合

　　B. 在过载时起保护作用

　　C. 可以传递较大的转矩

3. 平带的交叉传动形式应用的场合是（　　）。

　　A. 两带轮轴线平行，转向相同

　　B. 两带轮轴线平行，转向相反

　　C. 两带轮轴线垂直相交

*4. 平带传动适用于两传动轴中心距（　　）的场合。

　　A. 很小

　　B. 较小

　　C. 较大

5. 平带的接头形式中，具有连接方便、接头强度高、只能单面传动、用于 $v < 10\text{m/s}$ 的大功率帆布平带传动的是（　　）。

　　A. 黏结接头

　　B. 带扣接头

　　C. 螺栓接头

6. 若平带传动的传动比是5，从动轮的直径是500mm，则主动轮的直径是（　　）mm。

　　A. 100

　　B. 150

　　C. 250

四、计算题

1．已知一平带传动，主动轮转速 n_1=800r/min，从动轮转速 n_2=200r/min，从动轮直径 d_2=600mm，试计算主动轮的直径。

2．已知一开口式平带传动，主动轮直径 d_1=200mm，从动轮直径 d_2=800r/min，中心距 a=1200mm，试：

（1）计算传动比的大小。

（2）验算包角。

（3）计算平带的长度。

1.2 V 带 传 动

一、填空题

1．普通 V 带的楔角为＿＿＿＿＿＿，V 带横截面为＿＿＿＿＿＿，其工作面为＿＿＿＿＿＿。

2．V 带的结构有＿＿＿＿＿结构和＿＿＿＿＿结构两种，其中＿＿＿＿＿结构适用于转速较高的场合。

3．普通 V 带有 7 种型号，其中，＿＿＿＿＿型 V 带截面最小，＿＿＿＿＿型 V 带截面最大。

4．V 带带轮的常用结构有＿＿＿、＿＿＿、＿＿＿和＿＿＿4 种。

5．若带传动的传动比 $i \neq 1$，则小带轮上的包角＿＿＿，带能传递的功率越大。

6．V 带的标记"A1600 GB/T 11544—1997"表示：＿＿＿＿＿带，基准长度＿＿＿＿＿mm。

7. V 带传动中，带的线速度不宜过大或过小，一般应限制在＿＿＿＿＿＿＿的范围内。

二、判断题

1. V 带传动比平带传动应用更广泛。　　　　　　　　　　　　　　　（　　　）
2. 摩擦型 V 带传动主要用于传动平稳、中心距较小的场合，但不能保证准确的传动比。　　　　　　　　　　　　　　　　　　　　　　　（　　　）
3. 帘布芯结构的 V 带抗拉强度高，制造方便，应用广泛。　　　　　（　　　）
*4. 在相同条件下，普通 V 带的传动能力比平带大。　　　　　　　（　　　）
5. V 带传动不能用于两轴线空间交错的轴间传动。　　　　　　　　（　　　）
6. 普通 V 带传动中，限制带轮的最小基准直径的主要目的是减小传动时 V 带的弯曲应力，以延长 V 带的使用寿命。　　　　　　　　　　　　　　（　　　）
*7. 普通 V 带的截面形状是三角形，两侧面的夹角 $\alpha = 40°$。　　　（　　　）
*8. V 带型号的选择，主要取决于传递功率的大小和小带轮的转速。　（　　　）
9. V 带传动的中心距越小，小带轮的包角越小，会使传动能力下降，一般要求小带轮包角 $\alpha_1 \geq 120°$。　　　　　　　　　　　　　　　　　　（　　　）

三、选择题

*1. V 带传动中，带速合理的范围通常控制在（　　　）。

　　A. 5～25m/s

　　B. 10～25m/s

　　C. 25～50m/s

2. V 带传动具有的特点是（　　　）。

　　A. 能缓和冲击，吸收振动，噪声大

　　B. 传动比不准确，但传动效率高

　　C. 结构简单，制造方便，成本低

*3. V 带小带轮的包角 α_1 应满足（　　　）。

　　A. ≥120°

　　B. ≤120°

　　C. ≤150°

4. V 带的根数不宜过多，通常带的根数 Z 应小于（　　　）。

　　A. 3

　　B. 6

　　C. 7

*5. V 带的型号和（　　　）都压印在带的外表面上，以供识别和选用。

　　A. 内周长度

　　B. 基准长度

C. 标准长度

四、简答题

  说明普通 V 带的标记"B2500 GB/T 11544—1997"的含义。

五、计算题

  1. 在某一普通 V 带传动中，主动轮（小带轮）基准直径 $d_{d1}=125$mm，从动轮（大带轮）基准直径 $d_{d2}=250$mm，主动轮转速 $n_1=1450$r/min。试计算传动比 i、从动轮转速 n_2 及 V 带的线速度 v。

  2. 某设备的电动机带轮（小带轮）基准直径 $d_{d1}=120$mm，从动轮（大带轮）基准直径 $d_{d2}=300$mm，中心距 $a=800$mm，选用 A 型 V 带传动。试计算传动比 i，验算小带轮包角 α_1，计算 V 带的基准长度 L_{d0}。

1.3 V带传动的安装、维护及同步带传动简介

一、填空题

1．判断张紧力是否合适，用大拇指按在V带切边处中点，能将V带按下＿＿＿mm左右即可。

2．V带的张紧方法有＿＿＿＿＿＿＿＿＿＿＿＿和＿＿＿＿＿＿＿＿＿。

3．在V带的张紧方法中，因受设备的结构限制中心距不可调节时，应＿＿＿＿＿张紧。

4．同步带传动是通过＿＿＿＿＿与＿＿＿＿＿的啮合传递运动和动力的。

二、判断题

1．V带传动应安装防护罩。（　　）

*2．使用多根V带时，如果其中一根带松弛或损坏，应将其更换。（　　）

3．同步带适用于要求传动比准确、效率高的场合。（　　）

4．V带传动中，张紧轮应安装在松边内侧靠近大带轮处。（　　）

5．同步带传动应用于汽车发动机的正时传动中。（　　）

三、选择题

*1．安装V带时松紧程度要适当，通常以大拇指能按下（　　）左右为宜。

    A．5mm

    B．15mm

    C．25mm

2．如图1-2所示，V带在带轮轮槽中的正确位置是（　　）。

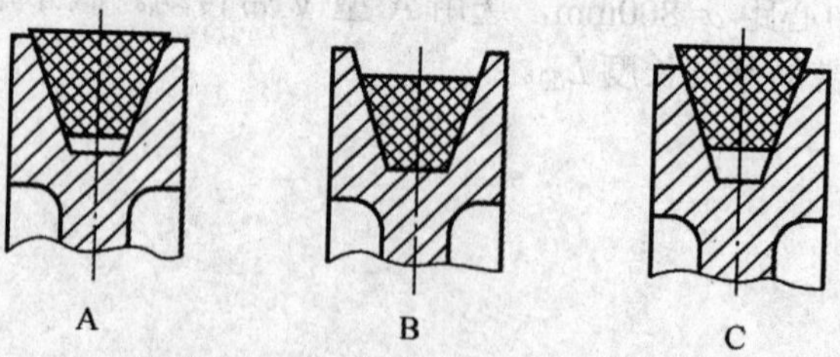

图1-2

3．与摩擦型带传动相比，同步带传动的主要优点是（　　）。

    A．传动平稳，但噪声大

    B．传动比准确，传动效率高

    C．带与带轮之间无相对滑动

4. 图 1-3 所示为 V 带传动，张紧轮的正确安装位置是（　　）。

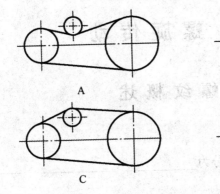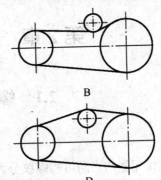

图 1-3

5. 属于啮合型带传动的是（　　）。

　　A．平带传动

　　B．V 带传动

　　C．同步带传动

第2章 螺旋传动

2.1 螺纹概述

一、填空题

1. 按照螺纹牙型的不同可将螺纹分为_____、_____、_____和_____等。

2. 传动螺纹大多采用_____、_____和_____。

3. 螺纹的主要参数有_____、_____、_____、_____、_____和_____等。

4. 管螺纹按其密封形式有_____和_____两种类型。

5. 螺纹的大径是指与外螺纹的_____相切的假想的圆柱或圆锥的直径，又称螺纹的_____。

6. M 代表的是_____螺纹、Tr 代表的是_____螺纹、G 代表的是_____螺纹。

二、判断题

*1. 顺时针旋入的螺纹是左旋螺纹。 （　　）

*2. 细牙螺纹比同一公称直径的粗牙螺纹自锁性能好。 （　　）

3. 相互旋合的内外螺纹，其旋向相同，公称直径相同。 （　　）

4. 所有管螺纹连接都是依靠其螺纹本身来进行密封的。 （　　）

*5. 连接螺纹大多采用多线三角形螺纹。 （　　）

*6. 管子的外径是管螺纹的公称直径。 （　　）

*7. 普通螺纹的公称直径是指螺纹的大径。 （　　）

*8. Tr40×7LH-7H-L——表示公称直径为 40mm，螺距为 7mm 的左旋梯形螺纹，中径公差带代号为 7H，旋合长度为 L。 （　　）

三、选择题

1. 普通螺纹是指（　　）。
   A. 三角形螺纹
   B. 梯形螺纹
   C. 矩形螺纹

*2. 普通螺纹的公称直径是指螺纹的（　　）。
   A. 大径

B．中径

　　C．小径

3．图 2-1 所示的螺纹为（　　　）。

　　A．单线右旋

　　B．双线右旋

　　C．双线左旋

图 2-1

*4．广泛应用于起紧固作用的连接螺纹是（　　　）。

　　A．三角形螺纹

　　B．矩形螺纹

　　C．梯形螺纹

5．普通三角形螺纹的牙型角 α 是（　　　）。

　　A．30°

　　B．55°

　　C．60°

6．在螺纹标注中，LH 表示（　　　）。

　　A．旋合长度为长

　　B．旋向为左旋

　　C．中径公差带代号

四、简答题

1．按给出的螺纹图形回答下列问题。

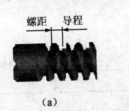
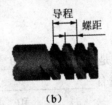

(a)　　　　　　　　　(b)

图 2-2

（1）指出图 2-2（a）和（b）表示的螺纹的线数？

（2）根据图 2-2（a）和（b）说明导程 P_h 与螺距 P 之间的关系，并写出表达式。

（3）指出图2-2（a）和（b）螺纹的旋向？

2．说明下列螺纹代号的含义。

（1）M14×1-7H8H

（2）G2A-LH

（3）Tr24×12（P4）LH-7e

2.2 普通螺旋传动

一、填空题

1．普通螺旋传动是由＿＿＿＿＿＿和＿＿＿＿＿＿所组成的螺旋传动。

2．普通螺旋传动有＿＿＿＿＿＿＿＿＿＿＿＿＿＿、＿＿＿＿＿＿＿＿＿＿、
＿＿＿＿＿＿＿＿＿＿＿＿＿＿和＿＿＿＿＿＿＿＿＿＿＿＿＿＿＿＿4种类型。

3．车床横向进给机构采用的螺旋传动的应用形式是＿＿＿＿＿＿＿＿＿＿＿＿＿＿。

4．台虎钳中的螺旋传动的应用形式是＿＿＿＿＿＿＿＿＿＿＿＿＿＿＿＿＿。

5．螺纹千分尺采用的螺旋传动的应用形式为＿＿＿＿＿＿＿＿＿＿＿＿＿＿＿。

二、判断题

*1．螺旋传动通常能将直线运动变换成旋转运动。　　　　　　　　　（　　）

2．螺旋千斤顶采用的是螺母固定不动，螺杆回转并做直线运动。　（　　）

3．螺旋传动方向的判定与螺纹的旋向有关，与回转方向无关。　　（　　）

4．台虎钳中螺旋传动采用的是螺母做回转运动，螺杆做直线运动。（　　）

三、选择题

*1. 在螺杆转动、螺母移动的螺旋传动装置中，螺杆为双线螺纹，导程为12mm，当螺杆转两圈后，螺母位移为（　　）mm。

  A．12

  B．24

  C．36

2. 普通螺旋传动中，从动件直线移动方向与（　　）有关。

  A．螺纹的回转方向

  B．螺纹的旋向

  C．螺纹的回转方向与螺纹的旋向

3. 车床床鞍的移动采用了（　　）的传动形式。

  A．螺母固定不动，螺杆回转并做直线运动

  B．螺杆固定不动，螺母回转并做直线运动

  C．螺杆原位回转，螺母做直线运动

4. 螺旋千斤顶采用的传动形式是（　　）。

  A．螺母固定不动，螺杆回转并做直线运动

  B．螺杆固定不动，螺母回转并做直线运动

  C．螺杆回转，螺母做直线运动

5. 机床进给机构若采用双线螺纹，螺距为4mm，设螺杆转动4圈后，则螺母（刀具）的位移量是（　　）。

  A．16mm

  B．32mm

  C．40mm

6. 已知条件同上题，若螺杆的转速为20r/min，则螺母（刀具）移动的速度v是（　　）mm/min。

  A．20

  B．80

  C．160

*7. 螺纹千分尺中，采用的螺旋传动的应用形式是（　　）。

  A．螺母固定不动，螺杆回转并做直线运动

  B．螺杆固定不动，螺母回转并做直线运动

  C．螺杆原位回转，螺母做直线移动

四、简答题

普通螺旋传动的应用形式有哪几种？各举一应用实例说明。

五、计算题

1. 一普通螺旋传动机构，双线螺杆驱动螺母做直线运动，螺距为 6mm，试问：

（1）螺杆转两圈时，螺母移动的距离是多少？

（2）若螺杆的转速为 10r/min，螺母的移动速度是多少？

2. 如图 2-3 所示的台虎钳，活动钳口采用单线右旋螺杆驱动并夹紧或松开工件。已知初始位置两钳口相距 15mm，螺杆的螺距为 3mm。试问：按图示方向旋转手柄几圈使两钳口刚好接触？

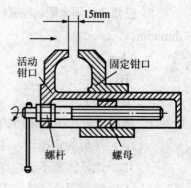

图 2-3

2.3 差动螺旋传动与滚珠螺旋传动

一、填空题

1．当差动螺旋传动的两段螺旋副旋向相同时，活动螺母的移动距离 $L=$ _____，当差动螺旋传动的两段螺旋副旋向相反时，活动螺母的移动距离 $L=$ _____。

2．差动螺旋传动中，活动螺母可以产生_____的位移，因此可以方便地实现_____调节。

3．滚珠螺旋传动按滚珠循环的方式不同，可分为_____和_____两种。

4．滚珠螺旋传动一般由_____、_____、_____和_____组成。

二、判断题

*1．差动螺旋传动可以产生极小的位移，能方便地实现微量调节。 （ ）

2．差动螺旋传动中，螺母的移动方向总是和螺杆的移动方向一致。 （ ）

3．目前，在数控机床、汽车等许多机械中采用了滚珠螺旋传动。 （ ）

*4．滚珠螺旋传动具有摩擦损失小、使用寿命长、传动精度高等特点。 （ ）

三、选择题

1．（ ）具有传动效率高、传动精度高、摩擦损失小、使用寿命长的特点。

    A．普通螺旋传动

    B．滚珠螺旋传动

    C．差动螺旋传动

2．不属于滑动摩擦螺旋传动的是（ ）。

    A．滚珠螺旋传动

    B．普通螺旋传动

    C．差动螺旋传动

*3．若希望主动件传动较大角度而从动件只做微量位移，可采用（ ）螺旋传动。

    A．普通

    B．差动

    C．滚珠

4. 在图 2-5 所示的螺旋传动中，a 段螺纹的导程为 P_{ha}，b 段螺纹的导程为 P_{hb}，且 $P_{ha}>P_{hb}$，旋向均为右旋，则当手柄按图示方向旋转一圈时，工件的运动情况是（   ）。

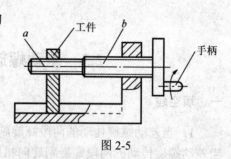

图 2-5

    A．向右移动（$P_{ha}-P_{hb}$）

    B．向左移动（$P_{ha}-P_{hb}$）

    C．向左移动（$P_{ha}+P_{hb}$）

四、计算题

1. 如图 2-6 所示的差动螺旋传动，螺旋副 a 的导程 $P_{ha}=2mm$，左旋；螺旋副 b 的导程 $P_{hb}=2.5mm$，左旋。试求：

（1）当螺杆按图示转向转动 1.5 圈时，活动螺母相对导轨移动多少毫米？其方向如何？

（2）若螺旋副 b 改为右旋，当螺杆按图示转向转动 1.5 圈时，活动螺母相对导轨移动多少毫米？方向如何？

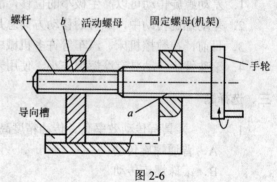

图 2-6

2. 分析教材表 2-7 中的差动螺旋传动式微调镗刀，若 1、2 两段螺纹均为右旋单线，刀套固定在镗杆上，镗刀在刀套中不能回转，只能移动，且当螺杆回转时，可使镗刀得到微量移动。已知螺距 $P_1=2.5mm$，螺距 $P_2=2mm$，螺杆按图示方向回转 0.5 圈。试问：

（1）镗刀移动的距离和移动的方向如何确定？

（2）如果将螺杆在圆周方向分为 60 格，那么螺杆每转过 1 格，镗刀的实际位移是多少毫米？

第3章　链传动和齿轮传动

3.1　链　传　动

一、填空题

1. 链传动是由_____、_____和_____所组成的。
2. 链传动的传动比是_____转速与_____转速的比值，也等于两链轮_____的反比。
3. 链传动的类型按照用途不同，链可以分为_____、_____和_____三类。
4. 套筒滚子链常用的接头形式有_____、_____和_____等。

二、判断题

*1. 链传动属于啮合传动，所以瞬时传动比恒定。　　　　　　　　　　（　　）
*2. 当传递功率较大时，可采用多排链传动。　　　　　　　　　　　（　　）
*3. 与带传动相比，链传动时最好将链条的松边置于上方。　　　　　（　　）
*4. 滚子链有 A、B 两种系列，常用的是 A 系列。　　　　　　　　　（　　）
5. 链传动没有打滑现象，因此链传动无过载保护作用。　　　　　　（　　）
6. 链传动能在高温、潮湿及淋水等不良环境中工作。　　　　　　　（　　）

三、选择题

1. 要求两轴中心距较大，且在低速和高温等不良环境下工作时，宜选用（　　　）。

  A．带传动

  B．链传动

  C．齿轮传动

2. 链传动的传动比一般为（　　　）。

  A．不限定

  B．$i_{12} \leqslant 8$

  C．$i_{12} \geqslant 8$

*3. 链传动中链条的长度一般是用（　　　）表示的。

  A．节距

  B．链节数

  C．长度

4．滚子链的套筒与内链板之间采用的是（　　　）。

    A．间隙配合

    B．过渡配合

    C．过盈配合

四、计算题

有一链传动，已知主、从动链轮的齿数分别为 $z_1=20$，$z_2=50$，求其传动比 i_{12}。若主动链轮的转速 $n_1=800r/min$，求从动链轮的转速 n_2。

3.2　齿轮传动概述

一、填空题

1．齿轮传动是利用_____来传递运动或动力的一种机械传动。

2．齿轮传动属于_____传动。

3．齿轮传动按轮齿形状可分为_____、_____和_____。

4．齿轮传动的传动比是主动齿轮与从动齿轮的_____之比，与两轮齿数成_____，用公式表示为_____。

5．渐开线上各点的压力角为_____，基圆上的压力角为_____。

二、判断题

1．齿轮传动是利用主、从动齿轮轮齿之间的摩擦力来传递运动和动力的。（　　　）

2．齿轮传动比是指主动齿轮转速与从动齿轮转速之比，与其齿数成反比。

        （　　　）

3．齿轮传动能保证瞬时传动比恒定，工作可靠性高，所以应用广泛。（　　　）

*4．离基圆越远，渐开线上的压力角越大。（　　　）

三、选择题

1．不属于啮合传动的是（　　　）。

    A．链传动

B．齿轮传动

  C．V 带传动

 2．渐开线上各点的压力角（　　　）。

  A．不相等，离基圆越远压力角越大

  B．不相等，离基圆越远压力角越小

  C．相等，与离基圆远与近没有关系

 3．齿轮传动的特点是（　　　）。

  A．传递功率和速度范围大

  B．制造和安装精度要求不高

  C．能实现无级变速

 4．能保证传动比恒定的传动是（　　　）。

  A．链传动

  B．带传动

  C．齿轮传动

四、计算题

  一对齿轮传动，主动齿轮齿数 $z_1=20$，从动齿轮齿数 $z_2=50$，主动齿轮的转速 $n_1=1000\text{r/min}$。试计算传动比 i_{12} 和从动齿轮转速 n_2。

3.3　渐开线标准直齿圆柱齿轮传动

一、填空题

  1．渐开线标准直齿圆柱齿轮的基本参数有＿＿＿＿＿＿＿、＿＿＿＿＿＿＿、＿＿＿＿＿＿＿、＿＿＿＿＿＿＿和＿＿＿＿＿＿＿5 个，它们是齿轮各部分几何尺寸计算的基础。

  2．齿轮的模数是指＿＿＿＿＿＿＿＿＿，表达式＿＿＿＿＿＿＿。

  3．国家标准规定渐开线标准直齿圆柱齿轮的压力角为＿＿＿＿＿＿＿。

  4．齿数相同的齿轮，模数越大，齿轮尺寸＿＿＿＿＿＿＿，轮齿承载能力＿＿＿＿＿＿＿。

5. 渐开线标准直齿圆柱齿轮的正确啮合条件为：_____、
_____。

二、判断题

*1. 模数等于齿距除以圆周率的商，是一个没有单位的量。　　　　　（　　）

2. 当模数一定时，齿轮的几何尺寸与齿数无关。　　　　　　　　（　　）

*3. 齿轮正确啮合必须保证两齿轮的模数相等。　　　　　　　　　（　　）

4. 齿轮的齿根高比齿顶高多 0.25m。　　　　　　　　　　　　　（　　）

*5. 齿轮的标准模数和压力角都在分度圆上。　　　　　　　　　　（　　）

三、选择题

1. 渐开线标准直齿圆柱齿轮的分度圆齿厚（　　）齿槽宽。

　　A. 等于

　　B. 大于

　　C. 小于

2. 渐开线标准直齿圆柱齿轮分度圆上的压力角（　　）。

　　A. $>20°$

　　B. $<20°$

　　C. $=20°$

3. 对于渐开线标准直齿圆柱齿轮，正常齿顶高系数 h_a^* 等于（　　）。

　　A. 0.2

　　B. 0.25

　　C. 1

四、简答题

1. 简述渐开线直齿圆柱齿轮传动正确啮合的条件。

2. 什么叫模数？模数的大小对齿轮传动有什么影响？

五、计算题

1．已知相互啮合的一对渐开线标准直齿圆柱齿轮，$z_1=20$，$z_2=50$，$a=140$mm。试计算这对齿轮的分度圆直径 d、齿顶圆直径 d_a、齿根圆直径 d_f、齿顶高 h_f、全齿高 h、齿距 P、齿厚 s 和槽宽 e。

2．某工人进行技术革新，找到两个渐开线标准直齿圆柱齿轮，测得小齿轮齿顶圆直径 $d_{a1}=115$mm，因大齿轮太大，只测出其齿顶高 $h_2=11.25$mm，两齿轮的齿数分别为 $z_1=21$，$z_2=98$。试判断两齿轮是否可以正确啮合。

3．一对外啮合的渐开线标准直齿圆柱齿轮，主动齿轮转速 $n_1=1500$r/min，从动齿轮转速 $n_2=500$r/min，两齿轮齿数之和为 120，模数 $m=4$mm。试求：两齿轮的齿数 z_1、z_2 和中心距 a 各是多少。

3.4 其他齿轮传动

一、填空题

1. 斜齿轮的模数有_____模数和_____模数，其中_____模数为标准值。

2. 斜齿圆柱齿轮比直齿圆柱齿轮承载能力_____，传动平稳性_____，使用寿命_____。

3. 直齿圆锥齿轮的模数以_____为标准值。

4. 齿轮为主动件时，齿轮齿条传动可将_____运动转变为_____运动。

二、判断题

*1. 斜齿圆柱齿轮的螺旋角是指齿顶圆柱面的螺旋角。 （   ）

2. 斜齿圆柱齿轮传动平稳，冲击、噪声和振动小。 （   ）

3. 斜齿圆柱齿轮不能作变速滑移齿轮使用。 （   ）

4. 在直齿圆锥齿轮传动中，以大端的参数为标准值。 （   ）

*5. 齿条齿廓上各点的压力角均相等，都等于标准值20°。 （   ）

三、选择题

1. （   ）具有承载能力大，传动平稳、使用寿命长等特点。
   - A. 斜齿圆柱齿轮
   - B. 直齿圆柱齿轮
   - C. 圆锥齿轮

*2. 国家标准规定，斜齿圆柱齿轮的（   ）模数和压力角为标准值。
   - A. 法向
   - B. 端面
   - C. 法向和端面

*3. 在齿条的齿廓上，齿厚等于齿槽宽的位置在（   ）。
   - A. 齿顶线上
   - B. 分度线上
   - C. 与分度线平行的其他直线上

4. 直齿圆锥齿轮用于传递（   ）的轴间传动。
   - A. 两轴线互相平行
   - B. 两轴线垂直相交
   - C. 两轴线垂直交错

5. 齿条的齿廓是（　　）。
　　A. 直线
　　B. 渐开线
　　C. 圆弧
6. 斜齿圆柱齿轮啮合，两齿轮的旋向（　　）。
　　A. 相同
　　B. 相反
　　C. 相等

3.5　齿轮轮齿的失效形式

一、填空题

1. 轮齿的失效定义是：_____。
2. 常见的齿轮轮齿的失效形式有_____、_____、_____、
_____和_____5 种。

二、判断题

1. 齿轮传动的失效，主要是轮齿的失效。　　　　　　　　　　　　　　（　　）
2. 齿面点蚀多发生在靠近节线的齿根面上。　　　　　　　　　　　　（　　）
3. 齿面点蚀是开式齿轮传动的主要失效形式。　　　　　　　　　　　（　　）
4. 闭式齿轮传动主要以轮齿折断为主要失效形式。　　　　　　　　　（　　）
5. 齿轮在高速、重载的情况下，如果散热不良，会产生齿面胶合。　（　　）

三、选择题

1. 在（　　）齿轮传动中，容易发生齿面磨损。
　　A. 开式
　　B. 闭式
　　C. 开式与闭式
2. 防止（　　）的措施之一是选择适当的模数和齿宽。
　　A. 轮齿折断
　　B. 齿面点蚀
　　C. 齿面磨损

*3．在闭式齿轮传动中，软齿面齿轮易产生的失效形式为（　　）。

    A．齿面胶合

    B．齿面点蚀

    C．齿面磨损

4．在高速重载及低速重载下传动的齿轮易发生的失效形式为（　　）。

    A．齿面胶合

    B．齿面点蚀

    C．齿面磨损

第4章 蜗杆传动

4.1 蜗杆传动概述

一、填空题

1. 蜗杆传动主要由_____和_____组成，是用来传递_____两轴之间的运动和动力的装置。通常两轴的交角等于_____。

2. 在通常情况下，蜗杆传动中_____做主动件，_____做从动件。

3. 根据蜗杆形状的不同，蜗杆传动可分为_____蜗杆传动、_____蜗杆传动和_____蜗杆传动。

4. 根据蜗杆齿廓曲线形状的不同，普通圆柱蜗杆可分为_____、_____和_____。

5. 根据蜗杆螺旋旋向的不同，蜗杆有_____传动和_____传动，一般常用的是_____蜗杆传动。

6. 阿基米德蜗杆又称_____，其端面齿廓是_____，轴向齿廓是_____。

二、判断题

*1. 蜗杆传动具有传动比大、承载能力大、传动效率高等特点。 （　　）

2. 蜗杆传动连续、平稳，因此适用于传递大功率的场合。 （　　）

*3. 蜗杆传动的传动比，等于蜗轮齿数与蜗杆头数之比。 （　　）

*4. 蜗杆传动通常用于两轴线在空间垂直交错的场合。 （　　）

5. 由于蜗杆的导程角大，因此具有自锁性能。 （　　）

6. 蜗杆传动与齿轮传动相比，能获得很大的单级传动比。 （　　）

7. 在蜗杆传动中，蜗轮的回转方向只与蜗杆的回转方向有关。 （　　）

8. 在分度机构中，蜗杆传动的传动比可达1000以上。 （　　）

三、选择题

*1. 在蜗杆传动中，蜗杆和蜗轮的轴线一般在空间交错成（　　）。

    A. 45°

    B. 60°

    C. 90°

*2. 在中间平面内具有直线齿廓的是（ 　　 ）蜗杆。

　　A．渐开线

　　B．阿基米德

　　C．延伸渐开线

3. 起吊重物用的手动蜗杆传动装置，应采用（ 　　 ）蜗杆。

　　A．单头和小导程角

　　B．单头和大导程角

　　C．多头和小导程角

4. 蜗杆传动的特点是（ 　　 ）。

　　A．传动比大，结构紧凑

　　B．承载能力小

　　C．传动平稳，传动效率高

5. 在下列传动方式中，传动比大且准确的是（ 　　 ）。

　　A．链传动

　　B．齿轮传动

　　C．蜗杆传动

四、简答题

1. 如图 4-1 所示，请根据已知条件，判断蜗杆或蜗轮的转向。

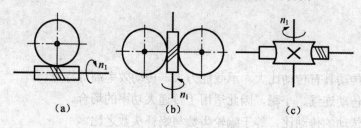

图 4-1

2. 已知起重装置中重物下降，蜗杆旋向如图 4-2 所示，请判断蜗杆的转向，并在图中标注。

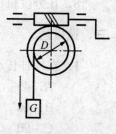

图 4-2

4.2 蜗杆传动的主要参数和正确啮合条件

一、填空题

1. 在中间平面内，阿基米德蜗杆传动相当于渐开线_____和_____的啮合传动。

2. 蜗轮齿数 z_2 主要是根据_____和_____确定。

3. 蜗杆传动中，当蜗杆头数确定后，直径系数 q 越小，导程角_____。

4. 一蜗杆传动，已知 $m=6$，$z_1=2$，$q=10$，$z_2=30$，则中心距 $a=$_____mm，蜗杆分度圆柱上的导程角 $\gamma=$_____。

5. 阿基米德圆柱蜗杆传动的正确啮合条件是：_____；

_____；_____。

二、判断题

1. 蜗杆传动中，蜗轮的齿数不宜太多，否则结构不紧凑。（   ）

2. 蜗杆的法向模数和蜗轮的端面模数为相等的标准值。（   ）

3. 蜗杆的分度圆直径 d_1 等于模数 m 与蜗杆头数 z_1 的乘积。（   ）

4. 蜗杆的轴向压力角与蜗轮的端面压力角相等，并规定等于20°。（   ）

*5. 规定蜗杆直径系数 q，可以减少加工蜗轮的滚刀规格。（   ）

6. 仅模数和压力角相同的蜗杆与蜗轮是不能任意互换啮合的。（   ）

*7. 蜗杆传动的传动比与齿轮传动的传动比计算方法相同，即 $i_{12}=\dfrac{z_2}{z_1}=\dfrac{d_2}{d_1}$。

（   ）

8. 为了使蜗轮转速降低一半，可以不另换蜗轮，而采用双头蜗杆代替原来的单头蜗杆。（   ）

*9. 在蜗杆传动中，蜗轮的螺旋角 β 等于蜗杆的导程角 γ。（   ）

三、选择题

1. 蜗杆传动的传动比 i_{12} 不等于（   ）。
   A. ω_1/ω_2
   B. z_2/z_1
   C. d_2/d_1

*2. 蜗杆传动的（   ）通过蜗杆轴线且垂直于蜗轮轴线。
   A. 中间平面
   B. 法平面
   C. 端平面

*3. 蜗杆直径系数 q 的计算公式为（　　　）。

    A. $q = d_1 / m$

    B. $q = d_1 m$

    C. $q = a / m$

四、简答题

1. 什么是蜗杆传动的中间平面？

2. 普通圆柱蜗杆传动的正确啮合条件是什么？

五、计算题

一标准圆柱蜗杆传动，已知模数 m=8mm，蜗杆头数 z_1=2，传动比 i_{12}=20，中心距 a=200 mm。试计算：

（1）蜗轮的齿数 z_2 和分度圆直径 d_2 是多少；

（2）蜗杆的直径系数 q 是多少。

第5章 轮 系

5.1 轮系的分类及应用

一、填空题

1. 由一系列相互啮合的齿轮组成的传动系统称为_____，按其传动时各齿轮的几何轴线在空间的相对位置是否固定，可将轮系分为_____轮系、_____轮系和_____轮系三大类。

2. 当轮系运转时，所有齿轮几何轴线的位置相对于机架固定不变的轮系称为_____轮系。

3. 轮系中既有定轴轮系又有周转轮系的称为_____轮系。

4. 采用差动轮系可以将两个独立的运动_____为一个运动，或者将一个运动_____为两个独立的运动。

二、判断题

1. 轮系传动既可用于两轴相距较远的传动，又可获得较大的传动比。 （ ）

2. 轮系可方便地实现变速要求，但不能实现变向要求。 （ ）

3. 采用轮系传动可以实现无级变速。 （ ）

4. 定轴轮系因其应用广泛，所以又称普通轮系。 （ ）

5. 利用中间轮（惰轮）可以改变从动轮的转向。 （ ）

三、选择题

1. 当两轴相距较远，且要求瞬时传动比准确时，应采用（ ）。
   - A. 带传动
   - B. 链传动
   - C. 轮系传动

2. 关于轮系的应用特点，说法正确的是（ ）。
   - A. 无法获得很大的传动比
   - B. 可合成运动，但不能分解运动
   - C. 可以实现变速和变向要求

四、简答题

1. 什么是轮系？轮系在实际应用中有哪些特点？

2. 判断图 5-1 所示的轮系各是什么轮系?

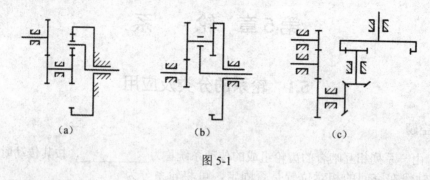

(a)   (b)   (c)

图 5-1

5.2　定轴轮系传动比的计算

一、填空题

1. 画箭头标注转向时,一对外啮合圆柱齿轮箭头方向_____,内啮合圆柱齿轮箭头方向_____;锥齿轮啮合时两箭头方向_____。

2. 轮系中的惰轮只改变从动轮的_____,而不改变主动轮与从动轮_____的大小。

3. 在平面定轴轮系中,外啮合齿轮副的数目为偶数时,轮系首轮与末轮的回转方向_____;为奇数时,首轮与末轮的回转方向_____。

二、判断题

1. 轮系中使用惰轮,既可变速又可换向。　　　　　　　　　　　　(　　)

2. 在主动齿轮与从动齿轮间加奇数个惰轮,主动齿轮与从动齿轮的回转方向相反。

(　　)

3. 轮系中的某一个中间齿轮既可以是前一级齿轮副的从动轮,又可以是后一级齿轮副的主动轮。

(　　)

4. 平面定轴轮系传动比计算公式中" $(-1)^m$ "项的指数 m 表示轮系中相啮合的圆柱齿轮的对数。

(　　)

三、选择题

1. 定轴轮系传动比的大小与轮系中惰轮齿数（　　）。

    A. 有关

    B. 无关

    C. 成正比

2. 在轮系中，两齿轮间增加（　　）个惰轮时，首、末两轮的转向相同。

    A. 奇数

    B. 偶数

    C. 任意数

*3. 轮系采用惰轮的主要目的是使机构具有（　　）功能。

    A. 变速

    B. 变向

    C. 变速和变向

4. 在定轴轮系传动比计算公式中，$(-1)^m$ 项中指数 m 表示（　　）。

    A. 外啮合圆柱齿轮的对数

    B. 圆柱齿轮副数目

    C. 内啮合圆柱齿轮的对数

四、计算题

1. 图 5-2 所示为一手摇提升装置，其中各轮齿数均为已知。试求传动比 i_{18}，并画出当提升重物时手柄的转向。

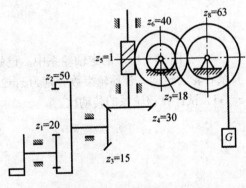

图 5-2

2. 图 5-3 所示的轮系中各齿轮均为标准齿轮，且齿轮 1、齿轮 3、齿轮 4、齿轮 6 同轴安装，齿数 $z_1=z_2=z_4=z_5=20$，试求传动比 i_{16}。

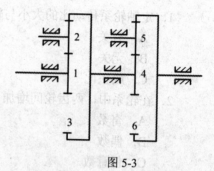

图 5-3

3. 在图 5-4 所示的轮系中，已知 $n_1=1440$ r/min，各齿轮的齿数分别为 $z_1=50$，$z_2=25$，$z_3=z_6=20$，$z_4=z_5=24$，$z_7=80$。试问：

（1）轮系中哪一个齿轮是惰轮？

（2）末轮转速 n_7 为多少？

（3）用箭头在图上标出各齿轮的回转方向。

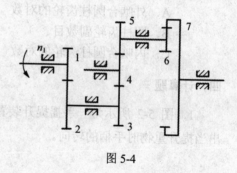

图 5-4

4. 在图 5-5 所示的定轴轮系中，已知蜗杆 1 的旋向和转向，试用箭头在图上标出其余各轮的转向。若各轮齿数分别为 $z_1=2$，$z_2=40$，$z_3=20$，$z_4=35$，$z_5=25$，$z_6=50$，$z_7=25$，$z_8=35$。试计算该轮系的传动比。

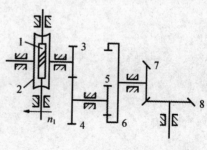

图 5-5

5.3 定轴轮系转速的计算

一、填空题

1．在轮系中，末端若是齿轮齿条，它可以把主动件的_____运动转变为齿条的____运动。

2．定轴轮系末端为螺旋传动，已知输入运动的主动齿轮转速 $n_1=1450$ r/min，轮系传动比 $i=50$ ，双线螺杆的螺距为 1 mm，则螺母的移动速度为_____。

3．定轴轮系末端为齿轮齿条传动，已知与齿条相啮合的小齿轮模数 $m=5$ mm，齿数 $z=20$，轮系传动比 $i=10$，小齿轮每分钟的移动距离为 628mm，则输入运动的主动齿轮转速 $n_1=$_____。

二、判断题

1．若主动轴的转速不变，通过变换滑移齿轮的啮合位置，可使从动轴获得不同的转速。 （ ）

2．含滑移齿轮的定轴轮系输出的转速种数等于各级齿轮传动比种数的连乘积。 （ ）

3．在轮系中，末端一般不采用螺旋传动。 （ ）

4．在轮系中，首末两轮的转速仅与各自的齿数成反比。 （ ）

5．末端是螺旋传动的定轴轮系，若与螺杆同轴的齿轮的转速为 n_k，则螺母的移动距离 $L=n_k\times\pi m z_k$。 （ ）

6．末端是齿轮齿条传动的定轴轮系，若与齿条啮合的齿轮的转速为 n_k，则齿条的移动距离 $L=n_k\times P_h$。 （ ）

三、选择题

1．在图 5-6 所示的三星齿轮变向机构传动中，1 为主动轮，4 为从动轮，在图示传动位置（ ）。
   A．有 1 个惰轮，主、从动齿轮回转方向相同
   B．有 1 个惰轮，主、从动齿轮回转方向相反
   C．有 2 个惰轮，主、从动齿轮回转方向相反

2．在图 5-7 所示的滑移齿轮变速机构中，输出轴（主轴）的转速有（ ）种。
   A．12
   B．6
   C．5

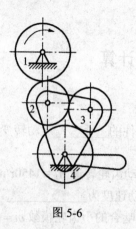

图 5-6

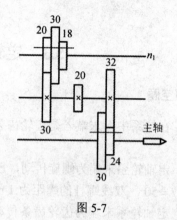

图 5-7

四、计算题

1. 图 5-8 所示为一台卷扬机的传动系统，末端为蜗杆传动。已知 $z_1=18$, $z_2=36$, $z_3=20$, $z_4=40$, $z_5=2$, $z_6=50$，鼓轮直径 $D=200$mm，$n_1=1000$r/min。试求蜗轮的转速 n_6 和重物 G 的移动速度 v，并确定提升重物时 n_1 的回转方向。

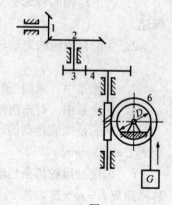

图 5-8

2. 在图 5-9 所示的定轴轮系中，已知各轮齿数和 n_1 转向。求当 $n_1=1$r/min 时，螺母的移动距离为多少？并在图中标出螺母的移动方向？

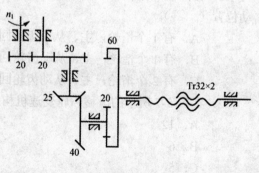

图 5-9

3．在图 5-10 所示的定轴轮系中，已知各轮齿数和 n_1 转向。当 $n_1=1000\text{r/min}$ 时，试求：

（1）齿条每分钟向左移动的距离 $L_左$；

（2）齿条每分钟向右移动的距离 $L_右$。

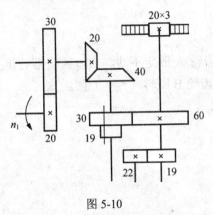

图 5-10

5.4 周转轮系传动比的计算

一、填空题

1．周转轮系由_____、_____和_____ 3 种基本构件组成。按_____划分，周转轮系可分为_____轮系和_____轮系两大类。

2．在周转轮系中，轴线固定的齿轮称为_____；既有自转又有公转的齿轮称为_____。

3．在周转轮系传动比计算中，运用相对运动原理，将周转轮系转化成假想的定轴轮系的方法称为_____。

二、判断题

1．周转轮系的传动比可按定轴轮系传动比的计算公式计算。 （ ）

*2．识别行星轮系的关键在于观察是否有轴线相对机架不固定的行星轮。 （ ）

3．在周转轮系中，合成运动和分解运动都可以通过差动轮系来实现。 （ ）

*4．与行星轮相啮合，且其轴线位置不变的齿轮称为太阳轮。 （ ）

5．差动轮系属于定轴轮系的一种。 （ ）

6．在周转轮系中，中心轮与行星架的固定轴线必须在同一轴线上。 （ ）

三、选择题

1. 周转轮系的转化轮系（或称转化机构）为（　　）轮系。
   A. 定轴
   B. 行星
   C. 差动

2. 如图 5-11 所示，齿轮 A 固定不动，$z_A = z_B$，若行星架 H 顺时针回转 1 圈，则齿轮 B 回转（　　）圈。
   A. 1/2
   B. 1
   C. 2

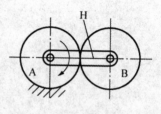

图 5-11

四、计算题

1. 在图 5-12 所示的行星减速器中，已知 $n_3 = 2400 \text{r/min}$，$z_1 = 105$，$z_3 = 135$。试求系杆 H 的转速 n_H？

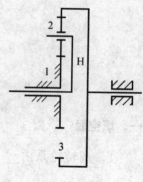

图 5-12

2. 在图 5-13 所示的一台大传动比减速器中，已知其各轮的齿数为 $z_1 = z_3 = 100$，$z_2 = 101$，$z_4 = 99$。试计算输入件 H 对输出件 1 的传动比 i_{H1}。

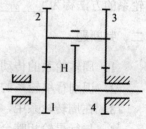

图 5-13

3．在图 5-14 所示行星轮系中，已知 $z_1=30$，$z_2=20$，$z'_2=30$，$z_3=74$，且已知 $n_1=100$r/min。试求 n_H。

图 5-14

4．在图 5-15 所示的差动轮系中，已知各轮的齿数为 $z_1=30$，$z_2=25$，$z_3=20$，$z_4=75$，齿轮 1 的转速 $n_1=200$r/min（箭头方向向上），齿轮 4 的转速为 $n_4=50$r/min（箭头方向向下）。求行星架转速 n_H 的大小和方向。

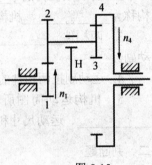

图 5-15

第二篇 常用机构

第6章 平面连杆机构

6.1 平面机构及其运动副

一、填空题

1．按机构中各构件的运动范围，可以将机构分为_____机构和_____机构两大类。

2．若组成机构的_____都在_____或_____的平面内运动，该机构称为_____机构。

3．两构件_____而又能产生一定形式相对运动的_____，称为运动副。

4．运动副按两构件的_____不同，分为_____和_____两大类。

5．机构运动简图所表示的主要内容包括运动副的_____、构件的_____、运动尺寸和机构的类型。

二、判断题

1．平面机构就是所有构件都在一个平面内运动的机构。 （ ）
*2．高副能传递复杂的运动，但承载能力低。 （ ）
3．铰链连接是转动副的一种具体形式。 （ ）
4．门与门框之间的连接属于低副。 （ ）
5．内燃机的连杆构件上的螺栓和螺母组成螺旋副。 （ ）
6．车床上的丝杠与开合螺母组成螺旋副。 （ ）
7．齿轮机构中啮合的齿轮构成高副机构。 （ ）
8．高副比低副承载能力大。 （ ）
*9．台虎钳中的螺杆与螺母构成螺旋副。 （ ）
10．机构运动简图是表示机构各构件间相对运动关系的简明图形。 （ ）

三、选择题

1．下列机构中，（ ）属于高副机构。

A．台虎钳

B．齿轮传动机构

　　C．螺旋千斤顶

*2．效率低的运动副的接触形式是（　　　）。

　　A．螺旋副接触

　　B．凸轮接触

　　C．齿轮啮合接触

3．下列实物中能构成高副的是（　　　）。

　　　A．　　　　　　　　　　B．　　　　　　　　　　C．

4．下列运动副中，能够传递较复杂运动的运动副的接触形式是（　　　）。

　　A．螺旋副接触

　　B．带与带轮接触

　　C．活塞与气缸壁接触

5．下列机构中的运动副，属于高副的是（　　　）。

　　A．火车车轮与铁轨之间的运动副

　　B．螺旋千斤顶中螺杆与螺母之间的运动副

　　C．车床床鞍与导轨之间的运动副

6．图 6-1 所示为（　　　）的表示方法。

　　A．转动副

　　B．高副

　　C．移动副

图 6-1

四、简答题

　　1．什么是运动副？按两构件间接触形式的不同，运动副分为哪两类？

2．试分析图 6-2 所示的单缸内燃机主机构中有哪几个运动副？

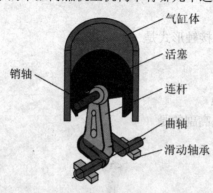

气缸体

活塞

销轴

连杆

曲轴

滑动轴承

图 6-2

6.2　铰链四杆机构的基本类型与应用

一、填空题

1．平面连杆机构是用_____或_____连接而组成的平面机构。

2．当平面四杆机构中的 4 根杆件均以转动副连接时，该机构称为_____。平面四杆机构中，除了转动副连接外，还有_____连接。

3．铰链四杆机构中，固定不动的杆件称为_____；不与机架直接连接的杆件称为_____；杆件与机架用转动副相连接，且能绕该转动副回转中心整周旋转的杆件称为_____；杆件与机架用转动副连接，但只能绕该转动副回转中心_____的杆件称为摇杆。

4．家用缝纫机踏板机构采用的是_____机构；汽车风窗玻璃上的刮水器采用的是_____机构；惯性筛做变速往复运动应用的是_____机构来实现的。

5．铰链四杆机构有_____机构、_____机构和_____机构 3 种基本类型。

二、判断题

1．平面连杆机构能实现较为复杂的平面运动。　　　　　　　　　（　　）

2．铰链四杆机构中，其中有一杆必为连杆。　　　　　　　　　　（　　）

*3. 平面连杆机构总有一个构件为静件（机架）。　　　　　　（　　）

4. 平面连杆机构使用若干构件以高副连接而成。　　　　　　（　　）

5. 铰链四杆机构中，能绕铰链中心做整周旋转的杆件是摇杆。　（　　）

*6. 曲柄摇杆机构只能将回转运动转换为往复摆动。　　　　　（　　）

7. 两曲柄长度相等的铰链四杆机构为平行双曲柄机构。　　　　（　　）

*8. 平行双曲柄机构中，两曲柄的转向相同，角速度相等。　　（　　）

*9. 家用缝纫机的动力部分是曲柄摇杆机构，其中脚踏板相当于摇杆，且为主动件。

　　　　　　　　　　　　　　　　　　　　　　　　　　（　　）

三、选择题

1. 铰链四杆机构中，各构件之间均以（　　　）相连接。

　　A．转动副

　　B．移动副

　　C．螺旋副

*2. 在铰链四杆机构中，其中一连架杆能相对机架做整周转动，另一连架杆能做往复摆动，该机构称为（　　　）。

　　A．双曲柄机构

　　B．曲柄摇杆机构

　　C．曲柄滑块机构

3. 图 6-3 所示为机车联动机构，它应用的是（　　　）。

图 6-3

　　A．平行双曲柄机构

　　B．曲柄摇杆机构

　　C．双摇杆机构

4. 在铰链四杆机构中，不与机架直接连接，且做平面运动的杆件称为（　　　）。

　　A．摇杆

　　B．连架杆

　　C．连杆

5. 汽车风窗玻璃上的刮水器采用的是（　　　）。

　　A．双曲柄机构

　　B．曲柄摇杆机构

C．双摇杆机构

6．家用缝纫机踏板机构采用的是（　　　）。

　　A．曲柄摇杆机构

　　B．双摇杆机构

　　C．双曲柄机构

*7．平行双曲柄机构中的两曲柄（　　　）。

　　A．长度相等，旋转方向相同

　　B．长度不等，旋转方向相同

　　C．长度相等，旋转方向相反

8．图 6-4 所示的惯性筛机构运动简图，采用的是（　　　）。

　　A．曲柄摇杆机构

　　B．平行双曲柄机构

　　C．反向双曲柄机构

图 6-4

9．反向双曲柄机构的两曲柄（　　　）。

　　A．长度相等，旋转方向相同

　　B．长度不等，旋转方向相同

　　C．长度相等，旋转方向相反

四、简答题

1．简述平行双曲柄机构和反向双曲柄机构的运动特点。

2．试举出铰链四杆机构 3 种基本类型在生产或日常生活中的应用实例。

6.3 铰链四杆机构的基本性质

一、填空题

1．铰链四杆机构是否存在曲柄，主要取决于机构中各杆件的_____和_____的选择。

2．铰链四杆机构的急回特性可以节省_____，提高_____。

3．当曲柄摇杆机构中存在死点位置时，其死点位置有_____个。在死点位置，该机构中_____与_____处于共线状态。

4．图 6-5 所示的铰链四杆机构中，各杆件尺寸为 AB=450mm，BC=400mm，CD=300mm，AD=200mm。若以_____杆件为机架，则为曲柄摇杆机构。若以 BC 杆件为机架，则为_____机构；若以 AD 杆件为机架，则为_____机构。

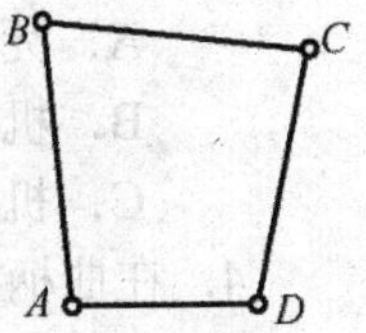

5．曲柄摇杆机构中，当出现急回运动时，曲柄为_____件，摇杆为_____件。

图 6-5

二、判断题

*1．在铰链四杆机构中，最短的杆是曲柄。 （ ）

2．在铰链四杆机构的 3 种基本类型中，最长杆件与最短杆件的长度之和必定小于其余两杆件长度之和。 （ ）

3．曲柄摇杆机构中，极位夹角 θ 越大，机构的行程速比系数 K 值越大。 （ ）

*4．在实际生产中，机构的死点位置对工作都是有害无益的。 （ ）

5．行程速比系数 K=1 时，表示该机构具有急回运动特性。 （ ）

6．机构的极位夹角 θ=0°，机构的行程速比系数 K 值应为 1。 （ ）

7．各种双曲柄机构中都存在死点位置。 （ ）

*8．实际生产中，常利用急回运动这个特性来缩短非工作时间，提高生产效率。 （ ）

9．当最长杆件与最短杆件长度之和小于或等于其余两杆件长度之和，且连杆与机架之一为最短杆件时，一定为双摇杆机构。 （ ）

*10．牛头刨床中刀具的退刀速度大于其切削速度，就是应用了急回特性原理。 （ ）

三、选择题

1. 铰链四杆机构中，最短杆件与最长杆件之和大于其余两杆件的长度之和时，机构一定是（　　　）。

        A. 曲柄摇杆机构

        B. 双摇杆机构

        C. 双曲柄机构

2. 在不等长双曲柄机构中，（　　　）长度最短。

        A. 曲柄

        B. 连杆

        C. 机架

3. 在曲柄摇杆机构中，曲柄做等速回转，摇杆摆动时空回行程的平均速度大于工作行程的平均速度，这种性质称为（　　　）。

        A. 死点

        B. 机构的急回特性

        C. 机构的运动不确定性

4. 在曲柄摇杆机构中，曲柄的长度（　　　）。

        A. 最短

        B. 最长

        C. 介于最短与最长之间

*5. 曲柄摇杆机构中，以（　　　）为主动件时，机构存在死点位置。

        A. 曲柄

        B. 摇杆

        C. 机架

*6. 当急回运动行程速比系数（　　　）时，曲柄摇杆机构才有急回运动。

        A. $K=1$

        B. $K \leqslant 1$

        C. $K>1$

7. 行程速比系数 K 与极位夹角 θ 的关系为（　　　）。

        A. $K=\dfrac{180°+\theta}{180°-\theta}$

        B. $K=\dfrac{180°-\theta}{180°+\theta}$

        C. $K=\dfrac{\theta+180°}{\theta-180°}$

8. 在下列铰链四杆机构中，若以杆件 BC 为机架，则能形成双摇杆机构的是（　　　）。

    （1）AB=70mm，BC=60mm，CD=80mm，AD=95mm

    （2）AB=80mm，BC=85mm，CD=70mm，AD=55mm

    （3）AB=70mm，BC=60mm，CD=80mm，AD=85mm

（4）AB=70mm，BC=85mm，CD=80mm，AD=60mm

  A．（1）、（2）、（4）

  B．（2）、（3）、（4）

  C．（1）、（2）、（3）

*9．当曲柄摇杆机构出现死点位置时，可在从动曲柄上（　　），使其顺利通过死点位置。

  A．加设飞轮

  B．减少阻力

  C．加大主动力

10．在曲柄摇杆机构中，若以摇杆为主动件，则在死点位置时，曲柄的瞬时运动方向是（　　）。

  A．按原运动方向

  B．按原运动的反方向

  C．不确定

11．根据下列图中标注的尺寸，判断构成双曲柄机构的是（　　）。

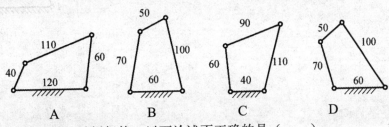

A   B   C   D

12．对于缝纫机的踏板机构，以下论述不正确的是（　　）。

  A．应用了曲柄摇杆机构，且摇杆为主动件

  B．利用飞轮帮助其克服死点位置

  C．踏板相当于曲柄摇杆机构中的曲柄

13．具有急回运动特性的机构是（　　）。

  A．平行双曲柄机构

  B．等长双摇杆机构

  C．曲柄摇杆机构

14．图 6-6 所示为铰链四杆机构，若以 AD 杆件为机架，AD=20mm，CD=40mm，BC=30m，则 AB 杆件长度为（　　）可获得双曲柄机构。

  A．AB<20mm

  B．AB>50mm

  C．30mm≤AB≤50mm

图 6-6

四、简答题

1. 简述铰链四杆机构中曲柄存在的条件。

2. 试用作图法作图 6-7 所示曲柄摇杆机构的极位夹角和摇杆的极限位置（死点位置）（取图中整数尺寸）。

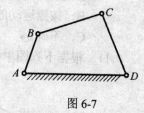

图 6-7

五、计算题

1. 图 6-8 所示为铰链四杆机构，$AB=25cm$，$CD=40cm$，$AD=15cm$，杆件 BC 的调节范围为 $10\sim50cm$。欲使该铰链四杆机构成为双曲柄机构，则杆件 BC 的尺寸范围应为多少？

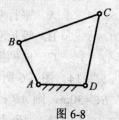

图 6-8

2．图 6-9 所示为铰链四杆机构，$AB=30mm$，$CD=20mm$，$AD=50mm$。试问：

（1）若此机构为曲柄摇杆机构，求杆件 BC 的长度范围；

（2）若此机构为双摇杆机构，求杆件 BC 的长度范围。

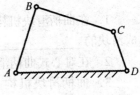

图 6-9

6.4 铰链四杆机构的演化及应用

一、填空题

1. 在曲柄滑块机构中，若以曲柄为主动件，则可以把曲柄的＿＿＿＿＿运动转换成滑块的＿＿＿＿＿＿＿＿运动。

2. 在对心式曲柄滑块机构中，若曲柄长为 20mm，则滑块的行程 $H=$＿＿＿＿＿。

3. 曲柄滑块机构是具有一个＿＿＿＿和一个＿＿＿＿的平面四杆机构，它是由＿＿＿＿＿＿机构演化而来的。

4. 偏心轮机构用于＿＿＿＿较大且＿＿＿＿较小的场合，如剪床、冲床、颚式破碎机等机械中。

5. 单缸内燃机主机构是＿＿＿＿＿＿＿机构的应用。

6. 曲柄滑块机构的演化形式有＿＿＿＿＿＿机构、＿＿＿＿＿＿机构和＿＿＿＿＿＿机构。

二、判断题

1. 曲柄滑块机构常用于内燃机中。 （　　）

2. 将曲柄滑块机构中的滑块改为固定件，则原机构将演化为摆动导杆机构。 （　　）

3. 曲柄滑块机构是由曲柄摇杆机构演化而来的。 （　　）

4. 偏心轮机构中，滑块的行程为 $2e$。 （　　）

*5. 在对心式曲柄滑块机构中，滑块的行程为曲柄长度的 2 倍。 （　　）

6. 手动抽水机应用的是移动导杆机构。 （　　）

三、选择题

1. 在曲柄滑块机构中，若机构存在死点位置，则主动件为（　　）。
   A. 连杆
   B. 曲柄
   C. 滑块

*2. 牛头刨床的主运动机构采用的是（　　）。
   A. 曲柄摇杆机构
   B. 导杆机构
   C. 双曲柄机构

3. （　　）为曲柄滑块机构的应用实例。
   A. 汽车自卸装置
   B. 手动抽水机
   C. 自动送料机

4．冲压机采用的是（　　　）。

　　A．移动导杆机构

　　B．曲柄滑块机构

　　C．摆动导杆机构

5．在曲柄滑块机构中，当滑块的行程很小时，往往用一个偏心轮代替（　　　）。

　　A．滑块

　　B．机架

　　C．曲柄

*6．单缸内燃机中应用的是（　　　）。

　　A．转动导杆机构

　　B．曲柄滑块机构

　　C．摆动导杆机构

7．曲柄摇杆机构的演化形式是（　　　）。

　　A．曲柄滑块机构

　　B．转动导杆机构

　　C．移动导杆机构

8．在图 6-10 所示的曲柄滑块机构中，取（　　　）为机架时可获得移动导杆机构。

　　A．杆件 *AB*

　　B．杆件 *BC*

　　C．滑块

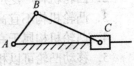

图 6-10

四、简答题

1．在曲柄滑块机构中，试问：

（1）在什么条件下，机构会产生死点位置？

（2）按图 6-11 所示的尺寸，在图上作出死点位置。

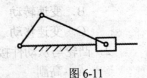

图 6-11

2．曲柄滑块机构的演化形式有哪几种？各举一应用实例加以说明。

第7章 凸 轮 机 构

7.1 凸轮机构概述

一、填空题

1. 凸轮机构主要由_____、_____和_____3个基本构件组成。
2. 在凸轮机构中，凸轮为_____件，通常做等速_____或_____。
3. 凸轮机构通过_____使从动件得到预期的运动规律。
4. 在凸轮机构中，按凸轮形状分为_____、_____和_____3种。
5. 凸轮机构工作时，凸轮轮廓与从动件之间必须始终保持良好_____，否则，凸轮机构就不能正常工作。

二、判断题

1. 在凸轮机构中，主动件、从动件可以对调使用。　　　　　　　　　（　　）
*2. 凸轮机构广泛应用于机械自动控制。　　　　　　　　　　　　　　（　　）
3. 凸轮机构不宜高速启动。　　　　　　　　　　　　　　　　　　　（　　）
4. 凸轮机构属于高副机构，凸轮与从动件接触处易磨损。　　　　　　（　　）
5. 移动凸轮可以相对机架做直线往复移动。　　　　　　　　　　　　（　　）
*6. 凸轮机构工作时，从动件要始终保持与凸轮接触。　　　　　　　　（　　）
*7. 在凸轮机构中，从动件难以实现预定的运动规律。　　　　　　　　（　　）

三、选择题

*1. 在凸轮机构中，主动件通常做（　　　　）。
　　A．等速转动或移动
　　B．变速转动
　　C．变速移动

2. 凸轮与从动件接触处的运动副属于（　　　）。
　　A．高副
　　B．转动副
　　C．移动副

*3. 内燃机的配气机构采用了（　　　）。
　　A．凸轮机构
　　B．铰链四杆机构
　　C．齿轮机构

4．在凸轮机构中，从动件结构最简单的是（　　）。

    A．滚子式

    B．尖底式

    C．平底式

5．润滑状况好，受力平稳，适用于高速传动的从动件的形式是（　　）。

    A．尖底式

    B．滚子式

    C．平底式

6．下列各图中适用于传力不大的低速凸轮机构中的从动件的形式是（　　）。

A.　　　　　　　　B.　　　　　　　　C.

7．在凸轮机构中，传动要求速度不高，承载能力较大的场合常应用的从动件的形式是（　　）。

    A．尖底式

    B．滚子式

    C．平底式

7.2　凸轮机构的工作过程及从动件的运动规律

一、填空题

1．在凸轮机构中，从动件的运动规律是多种多样的，生产中常用的有＿＿＿＿＿和＿＿＿＿＿＿＿等。

2．凸轮机构中，等加速等减速运动规律是指从动件在运动过程中速度 v 为＿＿＿＿＿。

3．从动件的运动规律决定凸轮的＿＿＿＿＿＿。

4．按等速运动规律工作的凸轮机构在工作时，会产生＿＿＿＿＿＿冲击；按等加速等减速运动规律工作的凸轮机构在工作时，会产生＿＿＿＿＿冲击。因此，只适用于_____的场合。

　　5．等加速等减速运动规律位移曲线的形状是_____。

二、判断题

　　1．在凸轮机构中，等速运动规律是指从动件上升时的速度和下降时的速度必定相等。　　　　　　　　　　　　　　　　　　　　　　　　　　　　（　　）

　　2．在凸轮机构中，从动件等速运动规律工作的原因是凸轮做等速运动。　　（　　）

　　3．在凸轮机构中，从动件按等加速等减速运动规律工作，是指从动件上升时做等加速运动，而下降时做等减速运动。　　　　　　　　　　　　　　　　　（　　）

　　4．凸轮机构产生的柔性冲击，不会对机器产生破坏。　　　　　　　　　（　　）

　　*5．凸轮机构从动件的运动规律可按要求任意拟定。　　　　　　　　　　（　　）

　　6．采用等加速等减速运动规律时，从动件在整个运动过程中速度不会发生突变，因而没有刚性冲击。　　　　　　　　　　　　　　　　　　　　　　　　　　（　　）

三、选择题

　　*1．等速运动规律的位移曲线形状是（　　　）。
　　　　A．抛物线
　　　　B．斜直线
　　　　C．双曲线

　　*2．等速运动规律的凸轮机构一般适用于（　　　）轻载的场合。
　　　　A．低速
　　　　B．中速
　　　　C．高速

　　3．在凸轮机构中，从动件做等加速等减速运动时会产生（　　　）。
　　　　A．刚性冲击
　　　　B．柔性冲击
　　　　C．没有冲击

　　*4．等加速等减速运动规律的位移曲线是（　　　）。
　　　　A．斜直线
　　　　B．抛物线
　　　　C．双曲线

　　5．在图 7-1 所示的从动件位移曲线中，产生刚性冲击处为（　　　）。
　　　　A．0
　　　　B．δ_1
　　　　C．δ_2

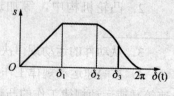

图 7-1

7.3 凸轮轮廓曲线的画法

一、填空题

1. 绘制凸轮轮廓曲线的方法有_____和_____两种。

2. 图解法绘制凸轮轮廓的方法是_____法。

3. 绘制凸轮轮廓曲线时，应先画出从动件的_____，然后依据位移曲线用_____绘制凸轮的轮廓曲线。

二、判断题

1. 图解法绘制凸轮轮廓的方法是反转法。 （ ）

*2. 反转法绘制凸轮轮廓曲线，就是按凸轮工作时的反方向绘制。 （ ）

3. 等分位移曲线时，凸轮转角的等分数应与等分凸轮基圆的等分数相同。 （ ）

*4. 绘制凸轮轮廓曲线时，位移曲线中从动件的位移与绘制凸轮轮廓应采用统一比例尺。 （ ）

三、选择题

1. 图解法绘制凸轮轮廓曲线的方法是（ ）。

   A. 解析法

   B. 绘图法

   C. 反转法

2. 对反转法描述正确的是（ ）。

   A. 给整个凸轮机构加上一个公共角速度 $-\omega$，从动件连同机架导路以角速度 $-\omega$ 绕轴心 O 回转

   B. 给整个凸轮机构加上一个公共角速度 $-\omega$，从动件相对机架导路做往复移动

   C. 给整个凸轮机构加上一个公共角速度 $-\omega$，从动件连同机架导路以角速度 $-\omega$ 绕轴心 O 回转，同时从动件又相对机架导路做往复移动

3. 绘制凸轮轮廓曲线时，凸轮基圆的等分数和比例尺与位移曲线中（ ）。

   A. 横坐标轴等分数相同，比例尺不同

   B. 横坐标轴等分数不同，比例尺相同

   C. 横坐标轴等分数相同，与比例尺无关

四、作图题

1. 有一对心式移动从动杆凸轮机构，从动杆的运动要求为：凸轮转角为 0°～180° 时，从动件等速上升 25mm；凸轮转角为 180°～270° 时，从动件等速下降至原位；凸轮转角为 270°～360° 时，从动件停止不动。试作出从动件的位移曲线。

2. 有一盘形对心式移动从动杆凸轮机构，从动件的位移曲线如图 7-2 所示。若凸轮的基圆半径 r_0=15mm，工作时凸轮顺时针转动。试绘制该凸轮的轮廓曲线。

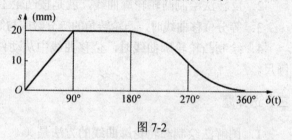

图 7-2

3. 设计一送料机构中的盘形凸轮机构，从动件的运动规律如表 7-1 所示。

表 7-1

凸轮转角 δ	0°～150°	150°～210°	270°～360°
从动件的位移	等速上升 15mm	停止不动	等速下降至原位

工作时凸轮逆时针转动，凸轮的基圆半径 r_0=15mm。试绘制该凸轮的轮廓曲线。

第8章 其他常用机构

8.1 变 速 机 构

一、填空题

1. 变速机构分为_____机构和_____机构两种类型。

2. 有级变速机构是指在_____不变的条件下，使输出轴获得_____转速级数的传动装置。

3. 有级变速机构常用的类型有_____变速机构、_____变速机构、_____变速机构和_____变速机构。

4. 有级变速机构可以实现在一定转速范围内的_____变速，具有变速_____、传动比_____和结构紧凑等优点。

5. 无级变速机构依靠_____来传递转矩，通过改变主动件和从动件的_____，使输出轴的转速在一定范围内无级地变化。

6. 无级变速机构常用的类型有_____无级机构、_____无级变速机构和_____无级变速机构。

7. 有级变速机构的原理是通过改变_____来实现变速的。

二、判断题

*1. 滑移齿轮变速机构变速可靠，但传动比不准确。 （   ）

2. 无级变速机构的传动比准确。 （   ）

3. 无级变速机构能使输出轴的转速在一定范围内无级变化。 （   ）

*4. 无级变速机构和有级变速机构都具有变速可靠、传动平稳的特点。 （   ）

*5. 变速机构就是通过改变主动件转速，从而改变从动件转速的机构。 （   ）

6. 无级变速机构和有级变速机构都只能在一定的转速范围内实现变速。 （   ）

7. 机械无级变速机构不但在变速范围内可任意变速，而且噪声低。 （   ）

三、选择题

1. 当要求转速级数多、速度变化范围大时，应选择（   ）。

　A．滑移齿轮变速机构

　B．塔齿轮变速机构

　C．拉键变速机构

2. 倍增速变速机构的传动比按（　　）的倍数增加。

    A. 2

    B. 4

    C. 6

*3. 机床主轴箱常采用（　　）实现变速。

    A. 倍增速变速机构

    B. 滑移齿轮变速机构

    C. 拉键变速机构

4. 有级变速机构具有（　　）的特点。

    A. 变速可靠，传动比准确

    B. 变速平稳，无噪声

    C. 结构紧凑，零件数量多

*5. 无级变速机构的特点是（　　）。

    A. 传动比准确

    B. 传动不平稳，噪声大

    C. 可在一定范围内任意变速

6. 要求传动比准确，转速不高，且需多种转速时应采用（　　）。

    A. 滑移齿轮变速机构

    B. 塔齿轮变速机构

    C. 拉键变速机构

四、简答题

1. 阅读并分析图 8-1 所示的传动系统，写出该传动系统的传动路线。

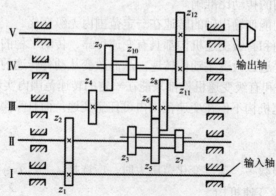

图 8-1

2．图 8-2 所示为某机床的主轴传动系统展开图。已知输入轴的转速 n_1= 1450r/min。

（1）写出传动路线。

（2）求出轴Ⅴ的最高转速和最低转速？

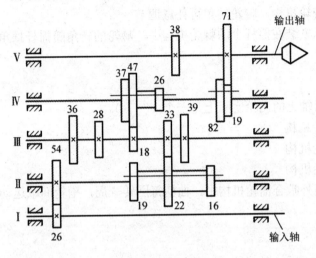

图 8-2

8.2　间歇运动机构

一、填空题

1．间歇运动机构的主要类型有＿＿＿＿＿＿机构和＿＿＿＿＿机构两种。

2．常见的棘轮机构主要由＿＿＿＿、＿＿＿＿、＿＿＿＿和＿＿＿＿组成。

3．槽轮机构主要由带圆销的＿＿＿＿、具有径向均布槽的＿＿＿＿＿和＿＿＿＿＿组成。

4．棘轮机构中，调节棘轮转角大小的方法有两种，即＿＿＿＿＿＿＿＿＿，＿＿＿＿＿＿＿＿＿＿。

5．摩擦式棘轮机构是依靠＿＿＿＿＿＿使棘轮做间歇运动，并可实现棘轮转角的＿＿＿＿调节。

二、判断题

*1．棘轮机构中棘轮的转角大小可通过调节曲柄的长度来改变。　　（　　）

2．棘爪往复一次，推过的棘轮齿数和棘轮的转角大小无关。　　（　　）

3．槽轮机构中，主动件和从动件可以对调使用。　　（　　）

*4. 槽轮机构与棘轮机构一样，可方便地调节槽轮转角的大小。　　（　　）

*5. 槽轮机构与棘轮机构相比，其运动平稳性较差。　　（　　）

6. 自行车用飞轮是内啮合式棘轮机构的应用。　　（　　）

7. 摩擦式棘轮机构，棘轮转角可任意调节。　　（　　）

8. 主动棘爪安装在摇杆上的棘轮机构中，棘轮的转角随摇杆摆角的增大而减小。
（　　）

三、选择题

*1. 自行车后轴上的飞轮实际上是一个（　　）。

　A. 棘轮机构

　B. 槽轮机构

　C. 凸轮机构

2. 在双圆销外啮合槽轮机构中，曲柄每回转一周，槽轮间歇运动（　　）次。

　A. 1

　B. 2

　C. 4

*3. 电影放映机的卷片装置采用的是（　　）机构。

　A. 齿轮

　B. 棘轮

　C. 槽轮

*4. 在棘轮机构中，增大曲柄的长度，棘轮的转角（　　）。

　A. 减小

　B. 增大

　C. 不变

5. 在外啮合双圆销四槽槽轮机构中，曲柄每回转一周，槽轮转过（　　）。

　A. 45°

　B. 90°

　C. 180°

6. 主动拨盘每回转一周，槽轮反向完成两次间歇运动的机构是（　　）。

　A. 单圆销外啮合槽轮机构

　B. 单圆销内啮合槽轮机构

　C. 双圆销外啮合槽轮机构

*7. 下列机构中，不能实现间歇运动的是（　　）。

　A. 棘轮机构

　B. 铰链四杆机构

　C. 凸轮机构

四、简答题

1. 根据图 8-3 所示的棘轮机构，分析后回答下列问题。

（1）图中构件 2、构件 5 的名称分别是_____和_____，其作用分别为
_____和_____。

（2）构件 1 的回转方向为_____，并在图中标出。

（3）若要调节构件 1 的转角，可采用_____和_____两种方法。

2. 根据图 8-4 所示的外啮合槽轮机构，分析并回答下列问题。

（1）曲柄回转一周，槽轮转过_____个槽，槽轮间歇_____次，槽轮与曲柄的
转向_____。

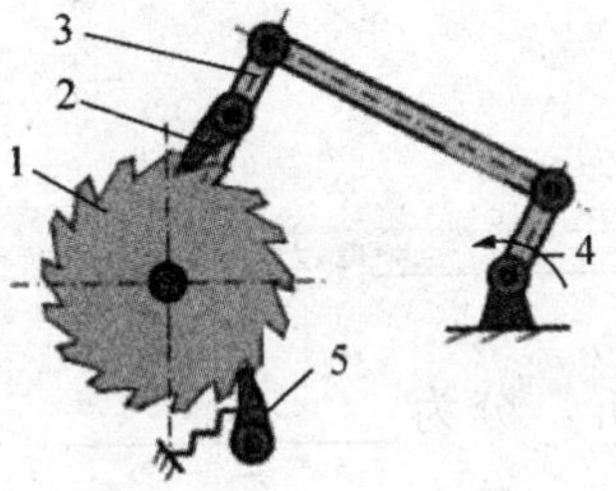

图 8-3

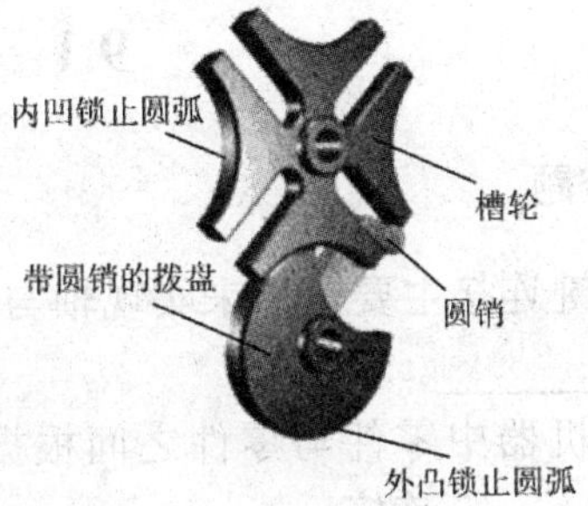

图 8-4

（2）曲柄上的外凸锁止圆弧与槽轮上的内凹锁止圆弧的作用是_____。

（3）在曲柄上对称设置两个圆销，曲柄回转一周，槽轮转过_____个槽，槽轮间
歇_____次，槽轮与曲柄的转向_____。

第三篇 轴系零件

第9章 键和销

9.1 平键及其连接

一、填空题

1. 键连接主要是用来实现轴与轴上零件之间＿＿＿＿＿＿，并传递＿＿＿＿＿和＿＿＿＿＿＿。

2. 机器中零件与零件之间根据连接后是否可拆，分为＿＿＿＿＿＿连接和＿＿＿＿＿＿连接。

3. 根据用途不同，平键连接分为＿＿＿＿＿＿连接、＿＿＿＿＿＿连接和＿＿＿＿＿＿连接。

4. 普通平键按键的端部形状不同可分为＿＿＿＿＿＿、＿＿＿＿＿＿和＿＿＿＿＿＿3种形式。

5. 选择平键时，应根据轴的直径 d 按国家标准选取＿＿＿＿＿＿，键长 L 根据＿＿＿＿＿＿的长度选取，且所选键长应＿＿＿＿＿＿轮毂的长度。

6. 普通平键的截面尺寸应根据＿＿＿＿＿＿查表选取。

7. 键的标记"GB/T 1096 键 22×14×120"表示该键为＿＿＿＿＿＿型的普通平键，22表示＿＿＿＿＿＿＿＿＿＿＿＿＿＿，14表示＿＿＿＿＿＿＿＿＿＿＿＿＿＿，120表示＿＿＿＿＿＿＿＿＿＿。

8. C型普通平键一般用于＿＿＿＿＿＿＿＿。

9. 在平键连接中，当轮毂需要在轴上沿轴向移动时，可采用＿＿＿＿＿＿平键。

二、判断题

*1. 键连接主要用来连接轴和轴上的传动零件，实现轴向固定并传递转矩。

( )

2. 键连接属于不可拆连接。 ( )

3. A型键不会产生轴向移动，应用最为广泛。 ( )

4. 普通平键键长 L 一般比轮毂的长度略短。 ( )

5. C 型普通平键一般用于轴端。　　　　　　　　　　　　　　　　　（　　）

*6. 采用 A 型普通平键时，轴上键槽通常用指状铣刀加工。　　　　　（　　）

*7. 平键连接中，键的上表面与轮毂键槽底面应紧密配合。　　　　　（　　）

*8. 键是标准件。　　　　　　　　　　　　　　　　　　　　　　　（　　）

*9. 平键连接配合常采用基轴制。　　　　　　　　　　　　　　　　（　　）

10. 导向型平键就是普通平键。　　　　　　　　　　　　　　　　　（　　）

*11. 导向型平键和滑键连接都适用于轴上零件轴向移动量较大的场合。（　　）

三、选择题

*1. 普通平键连接是依靠键的（　　）传递转矩的。

　　A．上表面

　　B．下表面

　　C．两侧面

2. 普通平键的标记为"GB/T 1096 键 12×8×80"，其中 12×8×80 表示（　　）。

　　A．键宽×键高×键长

　　B．键宽×键长×键高

　　C．键高×键长×键宽

3. （　　）普通平键多用在轴的端部。

　　A．C 型

　　B．A 型

　　C．B 型

*4. 根据（　　）的不同，平键可分为 A 型、B 型、C 型 3 种。

　　A．截面形状

　　B．尺寸大小

　　C．端部形状

5. 普通平键的键长 L 一般应比轮毂的长度（　　）。

　　A．略小

　　B．略大

　　C．相等

*6. 普通平键的截面尺寸是根据（　　）来选择的。

　　A．轴径尺寸

　　B．相配轮毂的宽度

　　C．传递力的大小

7. 平键连接主要用在轴与轮毂之间（　　）的场合。

　　A．安装与拆卸方便

　　B．沿周向固定并传递转矩

　　C．沿轴向固定并传递轴向力

8. 键连接主要用于传递（　　　）的场合。
  A. 拉力
  B. 横向力
  C. 转矩

四、简答题

1. 解释普通平键的标记：GB/T 1096 键 C20×12×125。

2. 试述普通平键的选择方法。

9.2　其他键及其连接

一、填空题

1. 半圆键的工作面是键的_____，可在轴上键槽中绕槽底圆弧_____，适用于锥形轴与轮毂的连接。

2. 楔键的上表面相对于下表面具有_____的斜度。

3. 楔键的_____为工作面，装配时需要_____，因此，楔键连接的对中性_____。

4. 花键按齿形不同有_____花键和_____花键两种。

5. 花键连接多用于_____和_____要求高的场合，尤其适用于经常_____的连接。

6. 矩形花键的对中方法有_____定心、_____定心和_____定心 3 种。其中，定心精度高的是_____定心。

7. 矩形花键因具有加工_____、对中性和导向性_____、应力集中_____、承载能力_____的特点而应用广泛。

二、判断题

*1. 普通平键、楔键、半圆键都是以键的两侧面为工作面的。　　　　　（　　）

*2. 半圆键对中性较好，常用于锥形轴端的连接。　　　　　（　　）

3. 花键多齿承载，承载能力高，且齿槽较浅，对轴的强度削弱小。　　（　　）

*4. 楔键的两侧面为工作面。　　　　　（　　）

5. 切向键多用于传递转矩大、对中性要求不高的场合。　　　　　（　　）

三、选择题

*1. 在键连接中，（　　）的工作面是两个侧面。

　　A. 普通平键

　　B. 切向键

　　C. 楔键

2. 对中性要求不高，重型机械中的键连接可采用（　　）。

　　A. 普通平键

　　B. 切向键

　　C. 楔键

*3. 在键连接中，对中性好的是（　　）。

　　A. 切向键

　　B. 楔键

　　C. 平键

4. （　　）花键形状简单、加工方便，应用较为广泛。

　　A. 矩形齿

　　B. 渐开线

　　C. 三角形

*5. 在键连接中，楔键（　　）轴向力。

　　A. 只能承受单方向

　　B. 能承受双方向

　　C. 不能承受

*6. 楔键的（　　）有 1∶100 的斜度。

　　A. 上表面

　　B. 下表面

C. 两侧面

*7. 国标中规定以（ ）为矩形花键的定心尺寸，用它来保证同轴度。

    A. 小径 d

    B. 大径 D

    C. 键宽 b

*8. （ ）常用于轴上零件移动量不大的场合。

    A. 普通平键

    B. 导向型平键

    C. 切向键

*9. 锥形轴与轮毂的键连接宜采用（ ）。

    A. 普通平键连接

    B. 斜键连接

    C. 半圆键连接

*10. 矩形齿花键连接要求定心精度高时，应用（ ）。

    A. 大径定心

    B. 小径定心

    C. 齿侧定心

*11. 具有结构简单，装拆方便，对中性好，广泛用于高速精密传动中的键连接是（ ）。

    A. 普通平键连接

    B. 斜键连接

    C. 切向键连接

四、简答题

根据图 9-2 所示的图形，回答下列问题。

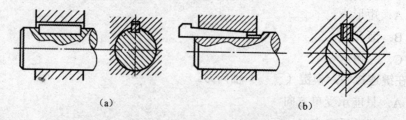

（a）   （b）

图 9-2

（1）图 9-2（a）采用＿＿＿＿键连接，此键具有＿＿＿＿、＿＿＿＿、＿＿＿＿3 种型号，其中＿＿＿＿应用最广。

（2）图 9-2（a）中，键的工作面为＿＿＿＿，

（3）图 9-2（b）中，键的工作面为_____，因而对中性_____，装配时须____。

（4）若将图 9-2（a）中的键加长，可用作_____。

（5）图 9-2（a）与图 9-2（b）的两种键连接，在高速、精密传动中应采用____。

9.3　销及其连接

一、填空题

1．销连接主要用于_____，起_____作用；用于_____、传递_____；还可作为安全装置中的_____，起_____作用。

2．销的基本类型有_____、_____和_____3 种。

3．对于盲孔的销连接应采用_____销或_____销。

4．开口销可用于_____零件，传递_____和_____。

二、判断题

1．圆柱销和圆锥销都是标准件。　　　　　　　　　　　　　（　　）

*2．圆柱销和圆锥销都是依靠过盈配合固定在销孔中。　　　（　　）

*3．圆锥销的小端直径为标准值。　　　　　　　　　　　　　（　　）

三、选择题

*1．销用来做定位销时，销的数目至少为（　　）个。

　　A．1

　　B．2

　　C．3

2．用来传递力或转矩的销称为（　　）。

　　A．定位销

　　B．连接销

　　C．安全销

*3．从装拆方便的角度考虑，对于不通孔的销连接应当选用（　　）。

　　A．普通圆锥销

　　B．内螺纹圆锥销

　　C．开口销

4. 具有安装方便，定位精度高，可多次拆装使用的销应是（　　）。

    A．开口销

    B．圆锥销

    C．圆柱销

*5. 圆锥销的锥度是（　　）。

    A．1∶10

    B．1∶50

    C．1∶100

6. 下列连接中属于不可拆连接的是（　　）。

    A．焊接

    B．销连接

    C．螺纹连接

四、简答题

1. 简述销连接的应用特点。

2. 图 9-3 所示为销连接的形式及应用特点，试分析以下问题。

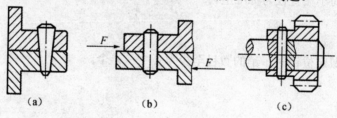

    (a)   (b)   (c)

图 9-3

（1）由图可知，销的主要形式有＿＿＿＿＿＿和＿＿＿＿＿＿两种。

（2）各图中销的作用分别为：图 9-3（a）＿＿＿＿＿＿；图 9-3（b）＿＿＿＿＿＿；
图 9-3（c）＿＿＿＿＿＿。

第 10 章 轴 和 轴 承

10.1 轴

一、填空题

1. 轴的用途主要是支承_____，并传递_____和_____。

2. 根据轴承承载情况不同，可将直轴分为_____、_____和_____三大类。

3. 自行车前轴工作时，只承受_____，起_____作用。

4. 轴上零件的轴向固定方法中，_____具有结构简单，定位可靠，能承受较大轴向力的特点，广泛用于轴上零件（如齿轮、带轮、联轴器等）的轴向固定。

5. 轴的工艺结构应满足三方面的要求：轴上零件应有可靠的_____；便于轴上零件的_____；轴应便于_____并尽量避免或减小_____。

6. 轴的结构工艺性是指轴的结构形式应便于_____，便于轴上零件的_____及使用、维修。

7. 轴上零件轴向固定的目的是为了保证零件在轴上有_____，防止零件_____，并能承受_____。

8. 轴上零件周向固定的目的是为了保证轴能可靠地传递_____，防止轴上零件与轴产生_____。

9. 轴上零件周向固定的方法主要有_____、_____、_____和_____等。

10. 在用圆螺母作轴向固定时，轴上必须切制出_____。

11. 轴常设计成台阶形，其直径分布应是_____，以便于轴上零件的_____。

二、判断题

*1. 按轴线形状不同，轴可分为直轴和曲轴。 （   ）

*2. 传动轴在工作时只传递转矩而不承受或仅承受很小的弯曲作用。 （   ）

*3. 转轴是在工作中既承受弯曲又传递转矩的轴。 （   ）

*4. 心轴在实际应用中都是固定的。 （   ）

*5. 台阶轴上安装传动零件的部位称为轴颈。 （   ）

*6. 心轴在工作时只承受弯曲载荷作用。 （   ）

7. 轴上截面尺寸变化的部位称为轴肩或轴环。 （   ）

*8. 转轴在工作时是转动的，而传动轴是不转动的。 （   ）

9. 圆螺母常用于滚动轴承的轴向固定。 （　　）

10. 轴端挡圈主要适用于轴上零件的轴向固定。 （　　）

11. 紧定螺钉连接不能承受较大载荷，主要起辅助连接作用。 （　　）

12. 在满足使用要求的前提下，轴的结构应尽可能简化。 （　　）

*13. 台阶轴上各截面变化处都应留有越程槽。 （　　）

14. 轴端倒角的主要作用是便于轴上零件的安装与拆卸。 （　　）

*15. 直轴一般采用台阶轴，以便于轴上零件的定位和装拆。 （　　）

16. 轴上零件采用过盈配合连接的周向固定对中性好，可经常拆卸。 （　　）

*17. 轴身是轴头与轴颈之间的过渡部分，其直径不一定要取标准值。 （　　）

18. 装在轴上的滑移齿轮，必须要有轴向固定。 （　　）

三、选择题

*1. 按（　　）不同，轴可分为直轴、曲轴和挠性轴 3 种类型。

    A. 受载情况

    B. 外形

    C. 轴线形状

*2. 台阶轴上与轴承相配合的轴段称为（　　）。

    A. 轴头

    B. 轴颈

    C. 轴身

*3. 自行车前轴是（　　）。

    A. 固定心轴

    B. 转动心轴

    C. 转轴

4. 在机床设备中最常用的轴是（　　）。

    A. 传动轴

    B. 转轴

    C. 曲轴

5. 钻床的主轴是（　　）。

    A. 传动轴

    B. 心轴

    C. 转轴

*6. 传动齿轮轴是（　　）。

    A. 转轴

    B. 心轴

    C. 传动轴

*7. 既支承回转零件，又传递转矩的轴称为（　　　）。

　　A．心轴

　　B．转轴

　　C．传动轴

8. 汽车的变速器与后桥差速器间的连接轴是（　　　）。

　　A．转轴

　　B．心轴

　　C．传动轴

9. 常用于无轴肩或轴环的轴端零件的轴向固定方法是（　　　）。

　　A．圆螺母连接

　　B．圆锥面连接

　　C．套筒连接

*10. 在轴上支承转动零件的部分称为（　　　）。

　　A．轴颈

　　B．轴头

　　C．轴身

*11. 具有结构简单，定位可靠，能承受较大的轴向力，广泛应用于各种轴上零件的轴向固定方法是（　　　）。

　　A．紧定螺钉连接

　　B．轴肩与轴环连接

　　C．紧定螺钉与挡圈连接

12. 常用于轴上零件间距较小的场合，但当轴的转速要求较高时，不宜采用的轴向固定方法是（　　　）。

　　A．轴肩与轴环连接

　　B．轴端挡圈连接

　　C．套筒连接

13. 接触面积大、承载能力强、对中性及导向性都好的周向固定方法是（　　　）。

　　A．紧定螺钉连接

　　B．花键连接

　　C．平键连接

14. 加工容易、拆卸方便、应用最广泛的周向固定方法是（　　　）。

　　A．平键连接

　　B．过盈配合连接

　　C．花键连接

15. 同时具有周向固定与轴向固定作用，但不宜用于重载和经常拆卸场合的周向固定方法是（　　　）。

　　A．过盈配合连接

B. 花键连接

C. 销钉连接

16. 对轴上零件起周向固定作用的是（   ）。

A. 轴肩与轴环

B. 平键

C. 套筒与圆螺母

*17. 为了便于加工，在车削螺纹的轴段上应有（   ），在需要磨削的轴段上应留出（   ）。

A. 砂轮越程槽

B. 键槽

C. 螺纹退刀槽

18. 轴上零件最常用的轴向固定方法是（   ）。

A. 套筒连接

B. 轴肩与轴环连接

C. 平键连接

19. 在台阶轴的中部装有一个齿轮，工作中承受较大的双向轴向力，对该齿轮应当采用的轴向固定方法是（   ）。

A. 紧定螺钉连接

B. 轴肩与套筒连接

C. 轴肩与圆螺母连接

*20. 在机器中，支承转动零件、传递运动和动力的最基本的零件是（   ）。

A. 轴承

B. 齿轮

C. 轴

四、简答题

1. 试根据受载状况说明自行车中的前轴、中轴和三轮车的后轮轴各为哪种类型的轴。

2．图 10-1 所示为轴的结构，其中有哪些地方需要改进？如何改进？请将正确的轴的结构图画出来。

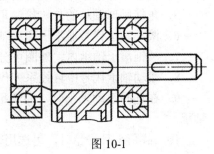

图 10-1

10.2 滚 动 轴 承

一、填空题

1．轴承是支承＿＿＿＿＿＿和＿＿＿＿＿＿＿＿的部件，保持轴的正常工作位置和旋转精度。

2．按摩擦性质不同，轴承可分为＿＿＿＿＿＿轴承和＿＿＿＿＿＿轴承两大类。

3．滚动轴承一般由＿＿＿＿、＿＿＿＿、＿＿＿＿和＿＿＿＿四部分组成。

4．滚动轴承保持架的作用是分隔＿＿＿＿＿＿＿＿＿＿＿＿＿＿，以减少滚动体之间的＿＿＿＿＿＿和＿＿＿＿＿＿。

5．通常滚动轴承的＿＿＿＿＿＿随轴一起旋转，而＿＿＿＿＿＿固定在机座的轴承孔内。

6．常见滚动轴承的类型有＿＿＿＿种，其中内圈和外圈可以分离，通常成对使用的是＿＿＿＿＿＿轴承。

7．滚动轴承代号由＿＿＿＿＿＿代号、＿＿＿＿＿＿代号和＿＿＿＿＿＿代号构成。其中＿＿＿＿＿＿代号是轴承代号的核心。

8．滚动轴承的基本代号由＿＿＿＿＿＿代号、＿＿＿＿＿＿代号和＿＿＿＿＿＿代号构成。

9．在选择滚动轴承类型时，主要考虑轴承所受载荷＿＿＿＿＿＿、＿＿＿＿＿＿和＿＿＿＿＿＿等要求。

10．滚动轴承的精度等级共分＿＿＿＿＿＿级，在满足使用要求的前提下应尽量选择＿＿＿＿＿＿＿＿级。

二、判断题

*1．深沟球轴承主要承受径向载荷，也能承受一定的轴向载荷。　　　　（　　）

2．双列深沟球轴承比深沟球轴承承载能力大。　　　　（　　）

*3. 双向推力球轴承能同时承受径向和轴向载荷。 （　　）

4. 调心球轴承不允许成对使用。 （　　）

5. 角接触球轴承的公称接触角越大，其承受轴向载荷的能力越小。 （　　）

6. 滚动轴承代号通常压印在轴承外圈的端面上，以供选择和识别。 （　　）

*7. 圆锥滚子轴承内、外圈可分离，安装及调整方便，应成对使用。 （　　）

*8. 滚动轴承代号中直径系列代号表示相同内径轴承的各种不同宽度。 （　　）

9. 在选择滚动轴承时，在满足使用要求的前提下，尽量选用精度低、价格便宜的轴承。 （　　）

10. 载荷小且平稳时，可选用球轴承；载荷大且有冲击时，宜选用滚子轴承。 （　　）

*11. 滚动球轴承的极限转速比滚子轴承低。 （　　）

*12. 同型号的滚动轴承精度等级越高，其价格越贵。 （　　）

13. 在轴承商店，只要告诉售货员滚动轴承的代号，就可以买到所需要的滚动轴承。 （　　）

14. 在轴的一端安装一只调心球轴承，在轴的另一端安装一只深沟球轴承，则可起到调心作用。 （　　）

*15. 滚动轴承的公差等级中，/P0 级为普通级，应用最广。 （　　）

*16. 推力球轴承能够承受径向载荷。 （　　）

三、选择题

*1. 可同时承受径向载荷和轴向载荷，一般成对使用的滚动轴承是（　　）。
  A．深沟球轴承
  B．圆锥滚子轴承
  C．推力球轴承

2. 深沟球轴承的轴承类型代号是（　　）。
  A．4
  B．5
  C．6

3. 主要承受径向载荷，外圈内滚道为球面，能自动调心的滚动轴承是（　　）。
  A．角接触球轴承
  B．调心球轴承
  C．深沟球轴承

*4. 主要承受径向载荷，也可同时承受一定的双向轴向载荷，应用最广的滚动轴承是（　　）。
  A．推力球轴承
  B．圆柱滚子轴承
  C．深沟球轴承

*5. 能同时承受较大的径向和轴向载荷，且内、外圈可以分离，通常成对使用的滚动轴承是（　　　）。

  A．圆锥滚子轴承

  B．推力球轴承

  C．圆柱滚子轴承

6. 圆锥滚子轴承与深沟球轴承相比，其承载能力（　　　）。

  A．大

  B．小

  C．相同

7. 滚动轴承类型代号是 N，表示是（　　　）。

  A．调心球轴承

  B．圆锥滚子轴承

  C．圆柱滚子轴承

*8. 在实际工作中，若轴的弯曲变形大，或者两轴承座孔的同轴度误差较大时，应选用（　　　）。

  A．调心球轴承

  B．推力球轴承

  C．深沟球轴承

*9. 在实际工作中，若滚动轴承只承受轴向载荷，应选用（　　　）。

  A．圆柱滚子轴承

  B．圆锥滚子轴承

  C．推力球轴承

*10. （　　　）是滚动轴承代号的核心。

  A．前置代号

  B．基本代号

  C．后置代号

*11. 滚动轴承公差等级代号为（　　　）时，在代号中省略不标。

  A．/P0 级

  B．/P4 级

  C．/P6 级

12. 盘形凸轮轴的支承应当选用（　　　）。

  A．深沟球轴承

  B．推力球轴承

  C．调心球轴承

13. 在斜齿轮传动中，轴的支承一般选用（　　　）。

  A．推力球轴承

B．圆锥滚子轴承

C．深沟球轴承

14．主要承受径向载荷，也可承受一定的双向轴向载荷的轴承代号是（　　）。

    A．6208

    B．51308

    C．31308

15．只能承受单向轴向载荷的轴承代号是（　　）。

    A．6208

    B．51308

    C．7308

*16．可同时承受径向载荷和单向轴向载荷的是（　　）。

    A．深沟球轴承

    B．推力球轴承

    C．圆锥滚子轴承

17．承受纯轴向载荷作用，转速高时应选用的轴承是（　　）。

    A．深沟球轴承

    B．角接触球轴承

    C．圆锥滚子轴承

*18．只承受轴向载荷作用，载荷小、转速低时应选用的轴承类型是（　　）。

    A．5000

    B．7000

    C．6000

19．两轴承孔存在较大的同轴度误差或者轴的刚度低时应选用的轴承类型是（　　）。

    A．1000

    B．3000

    C．6000

*20．同时承受径向和轴向载荷，但轴向载荷很小的高速轴，最适宜的轴承类型是（　　）。

    A．1000

    B．3000

    C．6000

四、解释下列滚动轴承代号的含义

1．232/28

2．7308

3．6211/P6

五、简答题

1．图 10-2 所示为滚动轴承的结构，试回答下列问题。

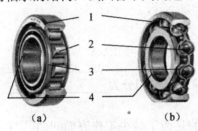

图 10-2

（1）各序号零件的名称为：1_____；2_____；3_____；4_____。
（2）同尺寸情况下，承载能力大的是_____。
（3）相同条件下，极限转速高的是_____。
（4）图 10-2（a）中的滚动体是_____；图 10-2（b）中的滚动体是_____。
（5）零件 3 的作用是_____。

2．如图 10-3 所示，根据工作要求，该轴上选用了一对代号为 31209 的滚动轴承，根据轴承承载情况并结合轴上结构作进一步分析，并回答下列问题。

（1）该对滚动轴承为（　　）。

　　A．深沟球轴承

　　B．圆锥滚子轴承

　　C．推力球轴承

（2）该轴属于（　　）。

　　A．转轴

　　B．心轴

　　C．传动轴

（3）左侧键处安装的是（　　）。

　　A．直齿圆柱齿轮

　　B．斜齿圆柱齿轮

　　C．人字齿轮

图 10-3

（4）右侧键处安装联轴器，该键选用了（　　　）普通平键。

    A．C 型

    B．A 型

    C．B 型

3．简述滚动轴承的选用原则。

10.3　滑 动 轴 承

一、填空题

1．滑动轴承主要由＿＿＿＿＿＿、＿＿＿＿＿＿＿＿和＿＿＿＿＿＿＿＿＿＿＿＿组成。

2．滑动轴承按承受载荷方向不同分为＿＿＿＿＿＿＿＿、＿＿＿＿＿＿＿＿＿＿和＿＿＿＿＿＿＿＿＿＿3 种。

3．滑动轴承润滑的目的是为了减少工作表面间的＿＿＿＿＿＿＿＿＿＿，同时起＿＿＿＿＿＿、＿＿＿＿＿＿、＿＿＿＿＿＿＿＿及＿＿＿＿＿＿等作用。

4．对于滑动轴承中轴瓦的材料，要求应具有良好的＿＿＿＿＿＿＿、＿＿＿＿＿＿和抗胶合性，以及足够的＿＿＿＿＿＿、易跑合、易加工等性能。

5．滑动轴承的润滑方式主要有＿＿＿＿＿＿＿＿和＿＿＿＿＿＿。

6．滑动轴承常用的轴瓦材料有＿＿＿＿＿＿＿、＿＿＿＿＿＿、＿＿＿＿＿＿、＿＿＿＿＿＿和＿＿＿＿＿＿等。

二、判断题

*1．径向滑动轴承是不能承受径向力的。（　　　）

2．调心式滑动轴承的轴瓦可以自动调位，以适应轴受力弯曲时轴线产生的倾斜。

（　　　）

*3．滑动轴承轴瓦上的油沟应开在承载区。（　　　）

4．轴瓦上的油沟不能开通，是为了避免润滑油从轴瓦端部大量流失。（　　　）

*5．径向滑动轴承轴瓦磨损后，轴颈与轴瓦之间的间隙可以调整。（　　　）

6．润滑油的压力润滑是连续式供油方式，而润滑脂的压力润滑是间歇式供油方式。

（　　　）

7．滑动轴承承载能力、抗冲击能力均优于滚动轴承。（　　　）

*8．与滚动轴承相比，滑动轴承更适用于低速、重载和转速高的场合。（　　　）

*9．滑动轴承常用的轴承材料是碳素钢和轴承钢。（　　　）

三、选择题

*1. 整体式滑动轴承的特点是（　　）。

　　A．结构简单、价格低廉

　　B．磨损后可调整间隙

　　C．适用于重载高速的场合

*2. 在径向滑动轴承中，（　　）装拆方便、应用广泛。

　　A．整体式滑动轴承

　　B．剖分式滑动轴承

　　C．调心式滑动轴承

*3. （　　）一般用于低速、轻载或不重要的轴承的润滑。

　　A．滴油润滑

　　B．油环润滑

　　C．润滑脂润滑

4. 在闭式传动中，（　　）适用于转速为 100～200r/min 场合轴承的润滑。

　　A．油环润滑

　　B．压力润滑

　　C．润滑脂润滑

*5. 属于间歇式供油方式的是（　　）。

　　A．滴油润滑

　　B．油环润滑

　　C．压力润滑

6. 手动绞车、手动起重机等间歇工作的场合宜采用（　　）。

　　A．整体式滑动轴承

　　B．剖分式滑动轴承

　　C．调心式滑动轴承

*7. 在轴瓦内表面上开油槽，不正确的做法是（　　）。

　　A．油槽长度取轴瓦轴向宽度的 80%

　　B．油槽与油孔相通

　　C．油槽应开在轴瓦承受载荷的位置

*8. 具有装拆方便，磨损后轴承的径向间隙可调且应用广泛的是（　　）。

　　A．整体式滑动轴承

　　B．剖分式滑动轴承

　　C．调心式滑动轴承

*9. 既可用油润滑又可用脂润滑的润滑方式为（　　）。

　　A．滴油润滑

　　B．油环润滑

　　C．压力润滑

四、简答题

1. 根据径向滑动轴承的结构，试回答下列问题。

（1）常用的径向滑动轴承一般有_____、_____和_____3种结构形式。

（2）在上述 3 种结构形式中，_____结构最简单，_____装拆方便，应用最广泛。

（3）_____滑动轴承磨损后径向间隙无法调整；_____滑动轴承的轴瓦与轴承盖、轴承座之间为球面接触。

2. 在实际生产和日常生活中，举出两个应用滑动轴承的实例。

第11章 联轴器、离合器和制动器

11.1 联 轴 器

一、填空题

1. 联轴器是机械传动中常用的部件，它是用来_____，使其一起_____并传递_____。

2. 按结构特和功能的不同，联轴器可分为_____联轴器、_____联轴器和_____联轴器三大类。

3. 对被连接的两轴间对中性要求较高的联轴器是_____。

4. 图 11-1 所示的刚性凸缘联轴器，采用的对中方法是_____，一般用于_____的场合。

5. 齿轮联轴器具有良好的补偿性，允许有_____。

6. 图 11-2 所示的联轴器是_____联轴器，它广泛用于_____和_____机械中。

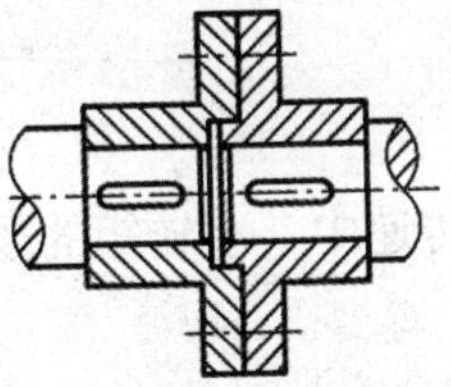

图 11-1

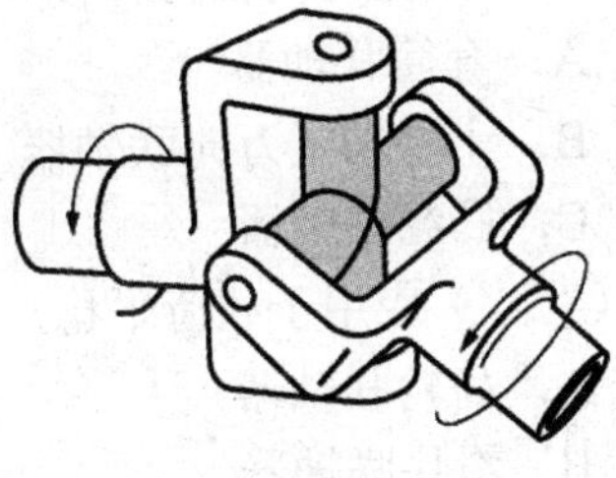

图 11-2

二、判断题

1. 联轴器具有安全保护作用。　　　　　　　　　　　　　　　　　　（　　）

*2. 十字轴式万向联轴器在传动中会产生附加动载荷，为了消除不利于传动的附加动载荷，一般将万向联轴器成对使用。　　　　　　　　　　　（　　）

3. 齿式联轴器传递的功率大，并能补偿较大的综合位移。　　　　　（　　）

4. 凸缘联轴器适用于两轴对中性要求高的场合。　　　　　　　　　（　　）

*5. 挠性联轴器可以补偿两轴之间的偏移。　　　　　　　　　　　　（　　）

*6. 十字轴式万向联轴器允许被连接的两轴间有较大的角偏移。　　（　　）

*7. 弹性套柱销联轴器可以缓冲、吸振，故常用于高速、有振动和经常正反转、启动频繁的场合。　　　　　　　　　　　　　　　　　　　　　　（　　）

*8. 为了使主动轴、从动轴的角速度同步，常将十字轴式万向联轴器成对使用。

（　　）

*9. 因为凸缘联轴器自身的同轴度高，所以对被连接的两轴的对中性要求不高。

（　　）

三、选择题

1. 属于挠性联轴器的是（　　）。
   A. 套筒联轴器
   B. 十字轴式万向联轴器
   C. 凸缘联轴器

2. 属于刚性联轴器的是（　　）。
   A. 滑块联轴器
   B. 凸缘联轴器
   C. 齿式联轴器

3. 图 11-3 所示的联轴器的是（　　）。
   A. 十字轴式万向联轴器
   B. 滑块联轴器
   C. 凸缘联轴器

图 11-3

4. （　　）允许两轴间有较大的角位移，且传递转矩较大。
   A. 套筒联轴器
   B. 十字轴式万向联轴器
   C. 凸缘联轴器

5. （　　）应用于载荷平稳，启动频繁，转速高，传递中、小转矩的场合。
   A. 齿轮联轴器
   B. 滑块联轴器
   C. 弹性套柱销联轴器

6. （　　）具有良好的补偿性，允许有综合位移。
   A. 滑块联轴器
   B. 套筒联轴器
   C. 齿式联轴器

7. （　　）适用于两轴的对中性好、冲击较小及不经常拆卸的场合。
   A. 凸缘联轴器
   B. 滑块联轴器
   C. 十字轴式万向联轴器

8. （　　）一般适用于低速、轴的刚度较高、无剧烈冲击的场合。
   A. 凸缘联轴器
   B. 滑块联轴器

C．十字轴式万向联轴器

　9．汽车发动机至汽车后桥传动轴用的联轴器是（　　　）。

　　A．齿轮联轴器

　　B．滑块联轴器

　　C．十字轴式万向联轴器

*10．对被连接的两轴间的偏斜具有补偿能力的联轴器是（　　　）。

　　A．凸缘联轴器

　　B．齿式联轴器

　　C．套筒联轴器

*11．为使被连接的两轴角速度相同，一般应成对使用的联轴器是（　　　）。

　　A．齿式联轴器

　　B．滑块联轴器

　　C．十字轴式万向联轴器

*12．对被连接的两轴间对中性要求高的联轴器是（　　　）。

　　A．凸缘联轴器

　　B．滑块联轴器

　　C．齿式联轴器

*13．当两轴的轴线相交成40°角时，应采用（　　　）连接。

　　A．齿式联轴器

　　B．滑块联轴器

　　C．十字轴式万向联轴器

　14．十字轴式万向联轴器是（　　　）。

　　A．刚性联轴器

　　B．挠性联轴器

　　C．安全联轴器

　15．综合补偿两轴的相对位移，且适于高速、重载场合的联轴器是（　　　）。

　　A．滑块联轴器

　　B．齿式联轴器

　　C．十字轴式万向联轴器

四、简答题

根据图 11-4 所示的供暖压力泵与电动机的联轴器连接，回答下列问题。

（1）图中采用的是什么类型的联轴器？

（2）简述这类联轴器的应用特点？

（3）这种联轴器在结构上采用哪两种对中方法来保证连接两轴的对中性？

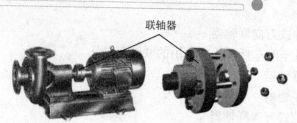

联轴器

图 11-4

11.2 离 合 器

一、填空题

1. 离合器是机械传动中常用的部件，是用来_____，使其一起_____并传递_____或者使其_____的装置。在机器运转过程中可随时进行_____。

2. 常用的机械式离合器有_____和_____两大类。

3. 用离合器连接的两轴，在机器运转过程中可随时进行_____或_____。

4. 对离合器的要求：工作_____，接合_____，分离_____，动作_____等。

二、判断题

1. 自行车后飞轮是超越离合器，因此，可以蹬车、滑行乃至回链。 （ ）

2. 汽车从启动到正常行驶过程中，离合器能方便地接合或断开动力的传递。
（ ）

*3. 离合器能根据工作需要使主动轴与从动轴随时接合或分离。 （ ）

*4. 就连接、传动而言，联轴器和离合器是相同的。 （ ）

*5. 摩擦离合器对两轴之间的结合或分离都只能在停止转动的条件下进行。（ ）

*6. 超越离合器可使同一根轴上获得两种不同的转速。 （ ）

*7. 联轴器和离合器是用来连接两轴使其一同转动并传递转矩的装置。 （ ）

三、选择题

1. （   ）广泛用于金属切削机床、汽车、摩托车机械的传动装置中。

A. 牙嵌式离合器

B. 齿形离合器

C．超越离合器

2．图 11-5 所示为（　　）离合器。

    A．牙嵌式

    B．齿形

    C．摩擦

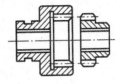

图 11-5

3．（　　）具有过载保护作用。

    A．齿形离合器

    B．超越离合器

    C．摩擦离合器

*4．（　　）常用于经常启动、制动或频繁改变速度大小和方向的机械中。

    A．摩擦离合器

    B．齿形离合器

    C．牙嵌式离合器

5．（　　）离合器多用于机床变速箱中。

    A．齿形

    B．摩擦

    C．牙嵌式

6．图 11-6 所示的自行车用飞轮属于（　　）。

    A．牙嵌式离合器

    B．齿形离合器

    C．超越离合器

图 11-6

*7．为使同一轴线上的两根轴同时存在两种不同的转速，可采用（　　）。

    A．牙嵌式离合器

    B．齿形离合器

    C．超越离合器

四、简答题

1．联轴器和离合器在功用上有何异同点？

2. 根据图 11-7 所示的滚柱式单向超越离合器，分析并回答下列问题。

图 11-7

（1）当齿圈_____方向慢速旋转时，离合器处于结合状态，齿圈随星轮一起转动。

（2）当齿圈_____方向慢速旋转时，离合器处于分离状态，星轮不随齿圈一起转动。

（3）当该离合器实现单向超越时，齿圈与星轮两者的转速大小和方向应满足什么条件？

11.3 制 动 器

一、填空题

1. 制动器是利用_____来降低机器运动部件的_____或者使其停止回转的装置。

2. 按结构特征，制动器一般可分为_____、_____和_____等类型。

二、判断题

1. 制动器不同于联轴器，它不能连接两根传动轴。 （   ）
2. 制动器与离合器的相同之处在于制动结束后与轴分离。 （   ）
3. 制动器的功用是用来制动刹车的。 （   ）
4. 带式制动器、内涨式制动器都是利用摩擦力矩来实现制动的。 （   ）

三、选择题

1. 常用于汽车上的制动器是（　　　）。

 A．带式

 B．内涨式

 C．外抱块式

2. 自行车上采用的制动器是（　　　）。

 A．带式

 B．内涨式

 C．外抱块式

3. （　　　）不符合制动器必须满足的要求。

 A．能产生足够的力矩

 B．结构简单，外形紧凑

 C．制动迅速，但不平稳

4. 广泛用于各种车辆及结构受限的机械中的制动器为（　　　）。

 A．带式

 B．内涨式

 C．外抱块式

5. 在提升设备，如起重机中应选用（　　　）制动器。

 A．带式

 B．内涨式

 C．外抱块式

习 题 解 答

绪　论

一、填空题

1. 动力部分，执行部分，传动部分，控制部分　2. 基本组成单元　3. 机械运动，变换，传递，代替或减轻　4. 确定相对运动，运动和动力

二、判断题

*1. ×　2. ×　3. √　*4. ×　5. √　6. √　*7. √　8. ×

三、选择题

1. A　2. A　3. C、A　4. C　5. A　*6. C　7. C　*8. A

四、简答题

1. 机器与机构在功用上的区别在于：机构只能传递或变换运动的形式，而机器可利用机械能做功或者实现能量的转换。

2.（1）动力部分：为机器提供动力，驱动机器各部件运动。

（2）传动部分：将原动机的动力和运动传递给执行部分。

（3）执行部分：直接完成机器的工作任务。

（4）控制部分：显示和反馈机器的运行位置和状况，控制机器正常运行和工作。

第 1 章

1.1

一、填空题

1. 主动轮，从动轮，挠性带，带，带轮，摩擦力，啮合　2. V 带，多楔带，圆带 3. 主动轮转速，从动轮转速，i　4. 开口式传动，相同，交叉式传动，相反　5. 圆心角，150°　6. 黏结，带扣，螺栓

二、判断题

1. × 2. √ *3. √ *4. √ 5. × 6. √ 7. √

三、选择题

*1. C 2. A 3. B *4. C 5. C 6. A

四、计算题

1. $i_{12} = \dfrac{n_1}{n_2} = \dfrac{d_2}{d_1}$，$i_{12} = \dfrac{n_1}{n_2} = \dfrac{800}{200} = 4$，

$d_1 = \dfrac{d_2}{i_{12}} = \dfrac{600}{4} = 150(\text{mm})$

2. （1）$i_{12} = \dfrac{n_1}{n_2} = \dfrac{d_2}{d_1}$，$i_{12} = \dfrac{d_2}{d_1} = \dfrac{800}{200} = 4$

（2）$\alpha_1 = 180° - \dfrac{d_2 - d_1}{a} \times 60° = 180° - \dfrac{800 - 200}{1200} \times 60° = 150°$

$\alpha_1 = 150° \geqslant 150°$，所以合格

（3）$L = 2a + \dfrac{\pi}{2}(d_1 + d_2) = \dfrac{d_2 - d_1}{4a}$

$= 2 \times 1200 + \dfrac{\pi}{2} \times (200 + 800) + \dfrac{(800 - 200)^2}{4 \times 1200}$

$= 4045(\text{mm})$

1.2

一、填空题

1. 40°，等腰梯形，两侧面 2. 绳芯，帘布芯，绳芯 3. Y，E 4. 实心式，腹板式，孔板式，轮辐式 5. 越大 6. A 型，1600 7. 5～25m/s

二、判断题

1. √ 2. √ 3. √ *4. √ 5. √ 6. √ *7. × *8. × 9. √

三、选择题

*1. A 2. A *3. A 4. C *5. B

四、简答题

1.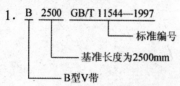

2. （1）$i_{12} = \dfrac{n_1}{n_2} = \dfrac{d_{d2}}{d_{d1}} = \dfrac{250}{125} = 2$

（2）$n_2 = \dfrac{n_1}{i_{12}} = \dfrac{1450}{2} = 725(\text{r/min})$

（3）$v = \dfrac{\pi d_{d1} n_1}{60 \times 1000} = \dfrac{3.14 \times 125 \times 1450}{60 \times 1000} \approx 9.5(\text{m/s})$

3. （1）$i_{12} = \dfrac{d_{d2}}{d_{d1}} = \dfrac{300}{120} = 2.5$

（2）$\alpha_1 \approx 180° - \dfrac{d_{d2} - d_{d1}}{a} \times 57.3° = 180° - \dfrac{300 - 120}{800} \times 57.3° \approx 167°$

$\alpha_1 \approx 167° > 120°$，合格

（3）$L_{d0} = 2a_0 + \dfrac{\pi}{2}(d_{d1} + d_{d2}) + \dfrac{(d_{d2} - d_{d1})^2}{4a_0}$

$= 2 \times 800 + \dfrac{\pi}{2} \times (120 + 300) + \dfrac{(300 - 120)^2}{4 \times 800} = 2269.5(\text{r}$

1.3

一、填空题

1. 15　2. 改变中心距，使用张紧轮　3. 使用张紧轮　4. 带齿，轮齿

二、判断题

1. √ *2. × 3. √ 4. √ 5. √

三、选择题

*1. B　2. A　3. B　4. D　5. C

第 2 章

2.1

一、填空题

1. 矩形螺纹，三角形螺纹，梯形螺纹，锯齿形螺纹 2. 矩形螺纹，梯形螺纹，锯齿形螺纹 3. 大径，中径，小径，螺距，导程，牙型角，螺纹升角 4. 螺纹密封的管螺纹，非螺纹密封的管螺纹 5. 牙顶或内螺纹牙底，公称直径 6. 普通，梯形，非螺纹密封的管

二、判断题

*1. × *2. √ 3. √ 4. × *5. × *6. × *7. √ *8. √

三、选择题

1. A *2. A 3. B *4. A 5. C 6. B

四、简答题

1.（1）图 2-2（a）为单线螺纹，图 2-2（b）为双线螺纹。
（2）导程与螺距的关系是：导程等于线数与螺距的乘积，即 $P_h = nP$。
（3）图 2-2（a）和（b）螺纹的旋向均为右旋。

2. 略

2.2

一、填空题

1. 螺杆，螺母 2. 螺母不动螺杆回转并做直线运动，螺杆不动螺母回转并做直线运动，螺杆原位回转螺母做直线运动，螺母原位回转螺杆做直线运动 3. 螺杆原位回转螺母做直线运动 4. 螺母不动螺杆回转并做直线运动 5. 螺母不动螺杆回转并做直线运动

二、判断题

*1. × 2. × 3. × 4. ×

三、选择题

*1．B　2．C　3．C　4．B　5．B　6．C　*7．A

四、简答题

普通螺旋传动的应用形式有以下 4 种。

（1）螺母不动，螺杆回转并做直线运动，如台虎钳。

（2）螺杆不动，螺母回转并做直线运动，如螺旋千斤顶。

（3）螺杆原位回转，螺母做直线运动，如车床横刀架。

（4）螺母原位回转，螺杆做直线运动，如小轿车用螺旋千斤顶。

五、计算题

1．$P_h = 2 \times 6 = 12 \text{(mm)}$

　　（1）$L = NP_h = 2 \times 12 = 24 \text{(mm)}$

　　（2）$v = nP_h = 10 \times 12 = 120 \text{(mm/min)}$

2．$L = NP_h$，$P_h = P = 3 \text{(mm)}$

　　$N = \dfrac{L}{P_h} = \dfrac{15}{3} = 5 \text{(圈)}$

2.3

一、填空题

1．$R_{h1} - R_{h2}$，$R_{h1} + R_{h2}$　2．极小，微量　3．外循环式，内循环式　4．滚珠，螺杆，螺母，循环装置

二、判断题

*1．√　2．×　3．√　*4．√

三、选择题

1．B　2．A　*3．B　4．B

四、计算题

1．（1）$L = N(P_{ha} - P_{hb}) = 1.5 \times (2 - 2.5) = -7.5 \text{(mm)}$，方向：向左

　　（2）$L = N(P_{ha} + P_{hb}) = 1.5 \times (2 + 2.5) = 67.5 \text{(mm)}$，方向：向右

2．（1）$L = N(P_{h1} - P_{h2}) = 0.5 \times (2.5 - 2) = 0.25 \text{(mm)}$，向右

　　（2）$L = \dfrac{1}{60} \times (2.5 - 2) = \dfrac{1}{120} \text{(mm)}$

第3章

3.1

一、填空题

1．主动链轮，从动链轮，链条　2．主动链轮的，从动链轮的，齿数　3．传动链，输送链，起重链　4．开口销，弹簧卡片，过渡链节

二、判断题

*1．×　*2．√　*3．×　*4．√　5．√　6．√

三、选择题

1．B　2．B　*3．B　4．C

四、计算题

$$i_{12} = \frac{n_1}{n_2} = \frac{z_2}{z_1} = \frac{50}{20} = 2.5，\quad n_2 = \frac{n_1}{i_{12}} = \frac{800}{2.5} = 320(\text{r/min})$$

3.2

一、填空题

1．齿轮啮合　2．啮合　3．直齿圆柱齿轮传动，斜齿圆柱齿轮传动，人字齿圆柱齿轮传动　4．转速，反比，$i_{12} = \frac{n_1}{n_2} = \frac{z_2}{z_1}$　5．不相等，零

二、判断题

1．×　2．√　3．√　*4．√

三、选择题

1．C　2．A　3．A　4．C

四、计算题

$$i_{12} = \frac{n_1}{n_2} = \frac{z_2}{z_1} = \frac{50}{20} = 2.5，\quad n_2 = \frac{n_1}{i_{12}} = \frac{1000}{2.5} = 400(\text{r/min})$$

3.3

一、填空题

1. 齿数 z，模数 m，压力角 α，齿顶高系数 h_a^*，顶隙系数 c^* 2. 齿距 p 除以圆周率 π 所得的商，$m = \dfrac{p}{\pi}$ 3. $20°$ 4. 越大，越大   5. 两齿轮的模数必须相等，即 $m_1 = m_2$；两齿轮分度圆上的压力角必须相等，即 $\alpha_1 = \alpha_2$

二、判断题

*1. ×   2. ×   *3. ×   4. √   *5. √

三、选择题

1. A   2. C   3. C

四、简答题

1. 标准直齿圆柱齿轮的正确啮合条件有如下两项：
   （1）两齿轮的模数必须相等，即 $m_1 = m_2$。
   （2）两齿轮分度圆上的压力角必须相等，即 $\alpha_1 = \alpha_2$。
2. 模数：齿距 p 除以圆周率 π 所得的商称为模数。

影响：当齿数一定时，模数越大，齿轮几何尺寸越大，轮齿也越大，承载能力越强。

五、计算题

1. $a = \dfrac{1}{2}m(z_1 + z_2)$，$m = \dfrac{2a}{z_1 + z_2} = \dfrac{2 \times 140}{20 + 50} = 4(\text{mm})$

$d_1 = mz_1 = 4 \times 20 = 80(\text{mm})$，$d_2 = mz_2 = 4 \times 50 = 200(\text{mm})$

$d_{a1} = m(z_1 + 2) = 4 \times (20 + 2) = 88(\text{mm})$，$d_{a2} = m(z_2 + 2) = 4 \times (50 + 2) = 208(\text{mm})$

$d_{f1} = m(z_1 - 2.5) = 4 \times (20 - 2.5) = 70(\text{mm})$，$d_{f2} = m(z_2 - 2.5) = 4 \times (50 - 2.5) = 190(\text{mm})$

$h_{f1} = h_{f2} = 1.25m = 1.25 \times 4 = 5(\text{mm})$，$h_1 = h_2 = 2.25m = 2.25 \times 4 = 9(\text{mm})$

$P_1 = P_2 = \pi m = 3.14 \times 4 = 12.56(\text{mm})$，$s_1 = s_2 = e_1 = e_2 = \dfrac{1}{2}P = \dfrac{1}{2} \times 12.56 = 6.28(\text{mm})$

2. $d_{a1} = m(z_1 + 2)$，$m_1 = \dfrac{d_{a1}}{z_1 + 2} = \dfrac{115}{21 + 2} = 5(\text{mm})$

$h_2 = 2.25m_2$，$m_2 = \dfrac{h_2}{2.25} = \dfrac{11.25}{2.25} = 5(\text{mm})$

即 $m_1 = m_2$

又两对标准齿轮有：$\alpha_1 = \alpha_2 = 20°$，故两齿轮可正确啮合。

3. $\begin{cases} i_{12} = \dfrac{n_1}{n_2} = \dfrac{z_2}{z_1} \\ a = \dfrac{1}{2}m(z_1 + z_2) \end{cases}$, $\begin{cases} a = 240\,(\text{mm}) \\ z_1 = 30 \\ z_2 = 90 \end{cases}$

3.4

一、填空题

1. 端面 m_t，法向 m_n，法向 m_n 2. 大，好，长   3. 大端模数   4. 回转，往复直线

二、判断题

*1. ×   2. √   3. √   4. √   *5. √

三、选择题

1. A   *2. A   *3. B   4. B   5. A   6. B

3.5

一、填空题

1. 齿轮传动常常会因为齿面磨损，轮齿折断等原因导致齿轮传动不能正常工作，这种现象称为轮齿的失效   2. 轮齿折断，齿面点蚀，齿面磨损，齿面胶合，齿面塑性变形

二、判断题

1. √   2. √   3. ×   4. ×   5. √

三、选择题

1. A   2. A   *3. B   4. A

第4章

4.1

一、填空题

1. 蜗杆，蜗轮，垂直交错，90° 2. 蜗杆，蜗轮 3. 圆柱，环面，圆锥 4. 阿基米德蜗杆，渐开线蜗杆，法向直廓蜗杆 5. 左旋蜗杆，右旋蜗杆，右旋 6. 普通蜗杆，阿基米德螺旋线，直齿廓

二、判断题

[*]1. × 2. √ [*]3. √ [*]4. √ 5. × 6. √ 7. × 8. ×

三、选择题

[*]1. C [*]2. B 3. A 4. A 5. C

四、简答题

1.

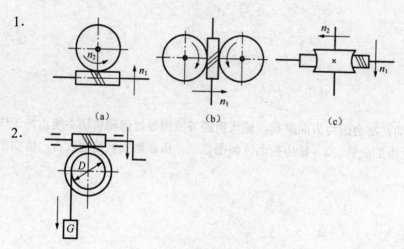

（a） （b） （c）

2.

4.2

一、填空题

1. 齿轮，齿条 2. 传动比，根切 3. 越大 4. 120，$\arctan\dfrac{1}{5}$ 5. $m_{x1}=m_{x2}=m$，$\alpha_{x1}=\alpha_{x2}=\alpha$，$\gamma_1=\beta_2$

二、判断题

1. × 2. × 3. × 4. √ *5. √ 6. √ *7. × 8. × *9. √

三、选择题

1. C *2. A *3. A

四、简答题

1. 蜗杆传动的中间平面是指通过蜗杆轴线并垂直于蜗轮轴线的平面。

2. （1）在中间平面内，蜗杆的轴向模数 m_{x1} 和蜗轮的端面模数 m_{t2} 相等。

（2）在中间平面内，蜗杆的轴向压力角 α_{x1} 和蜗轮的端面压力角 α_{t2} 相等。

（3）蜗杆分度圆柱导程角 γ_1 和蜗轮分度圆柱螺旋角 β_2 相等，且旋向一致。

即
$$\begin{cases} m_x = m_{t2} = m \\ \alpha_{x1} = \alpha_{t2} = 20° \\ \gamma_1 = \beta_2 \end{cases}$$

五、计算题

（1）$z_2 = i_{12}z_1 = 20 \times 2 = 40$, $d_2 = mz_2 = 8 \times 40 = 320\text{(mm)}$

（2）$\begin{cases} a = \dfrac{d_1 + d_2}{2} \\ d_1 = qm \end{cases}$, $q = 10$

第 5 章

5.1

一、填空题

1. 轮系，定轴，周转，混合　2. 定轴　3. 混合　4. 合成，分解

二、判断题

1. √　2. ×　3. ×　4. √　5. √

三、选择题

1. C　2. C

四、简答题

1. 由一系列相互啮合的齿轮组成的传动系统称为轮系。

特点：可以获得很大的传动比；可以实现相对较远距离的传动；可以方便地实现变速和变向要求；可以实现运动的合成与分解。

2.（a）混合轮系；（b）周转轮系；（c）定轴轮系

5.2

一、填空题

1. 相反，相同，相向或相背　2. 转向，传动比　3. 相同，相反

二、判断题

1. ×　2. ×　3. √　4. ×

三、选择题

1. B　2. A　*3. B　4. A

四、计算题

1. $i_{18} = \dfrac{n_1}{n_8} = \dfrac{z_2 z_4 z_6 z_8}{z_1 z_3 z_5 z_7} = \dfrac{50 \times 30 \times 40 \times 63}{20 \times 15 \times 1 \times 18} = 700$ ，手柄逆时针转动。

2. （1）齿轮1、齿轮3、齿轮4、齿轮6同轴线安装，有 $\begin{cases} \dfrac{d_1}{2} + d_1 = \dfrac{d_3}{2} \\ \dfrac{d_4}{2} + d_5 = \dfrac{d_6}{2} \end{cases}$ ，解得：

$z_3 = z_6 = 60$

    （2）$i_{16} = \dfrac{n_1}{n_6} = \dfrac{z_2 z_3 z_5 z_6}{z_1 z_2 z_4 z_5} = \dfrac{20 \times 60 \times 20 \times 60}{20 \times 20 \times 20 \times 20} = 9$

3. 解：（1）齿轮4为惰轮。

    （2）$i_{17} = \dfrac{n_1}{n_7} = \dfrac{z_2 z_4 z_5 z_7}{z_1 z_3 z_4 z_6} = \dfrac{25 \times 24 \times 24 \times 80}{50 \times 20 \times 24 \times 20} = 2.4$

        $n_7 = \dfrac{n_1}{i_{17}} = \dfrac{1440}{2.4} = 600 (\text{r} / \min)$

    （3）各轮转向如题图3所示。

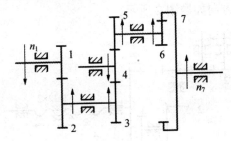

题图3

4. 解：（1）各轮的转向如题图4所示。

    （2）$i_{18} = \dfrac{n_1}{n_8} = \dfrac{z_2 z_4 z_6 z_8}{z_1 z_3 z_5 z_7} = \dfrac{40 \times 35 \times 50 \times 35}{2 \times 20 \times 25 \times 25} = 98$

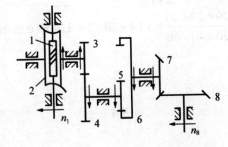

题图4

5.3

一、填空题

1. 回转，直线 2. 58mm/min 3. 20r/min

二、判断题

1. √ 2. √ 3. √ 4. × 5. × 6. ×

三、选择题

1. C 2. B

四、计算题

1. 蜗轮转速 $n_6 = n_1 \dfrac{z_1 z_3 z_5}{z_2 z_4 z_6} = 1000 \times \dfrac{18 \times 20 \times 2}{36 \times 40 \times 50} = 10(\text{r/min})$

重物 G 的移动速度 $v = \pi D n_6 = 3.14 \times 200 \times 10 = 6280(\text{mm/min}) = 6.28(\text{m/min})$

2. （1）当 $n_1 = 1\text{r/min}$ 时，$L = \dfrac{20 \times 20 \times 25 \times 20}{20 \times 30 \times 40 \times 60} \times 2 = \dfrac{5}{18}(\text{mm})$

（2）螺母的移动方向如题图 2 所示。

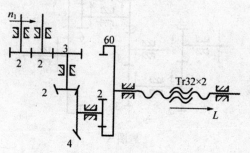

题图 2

3. （1）$L_左 = 1000 \times \dfrac{20 \times 20 \times 19 \times 22}{30 \times 40 \times 22 \times 19} \times 3.14 \times 20 \times 3 = 62800(\text{mm/min})$

（2）$L_右 = 1000 \times \dfrac{20 \times 20 \times 30}{30 \times 40 \times 60} \times 3.14 \times 20 \times 3 = 31400(\text{mm/min})$

5.4

一、填空题

1. 中心轮，行星轮，行星架，中心轮是否固定，行星，差动 2. 中心轮，行星轮
3. 转化轮系法

二、判断题

1．$\times$　*2．$\checkmark$　3．$\checkmark$　*4．$\checkmark$　5．$\times$　6．$\checkmark$

三、选择题

1．A　2．C

四、计算题

1．$i_{13}^{H}=\dfrac{n_1^{H}}{n_3^{H}}=\dfrac{n_1-n_H}{n_3-n_H}=-\dfrac{z_3}{z_1}$，　$n_1=0$

$\dfrac{0-n_H}{n_3-n_H}=-\dfrac{z_3}{z_1}$，　$n_H=1350\text{r/min}$

2．$i_{14}^{H}=\dfrac{n_1^{H}}{n_4^{H}}=\dfrac{n_1-n_H}{n_4-n_H}=+\dfrac{z_2 z_4}{z_1 z_3}=\dfrac{101\times 99}{100\times 100}$

$n_4=0$，　$i_{14}^{H}=\dfrac{n_1-n_H}{0-n_H}=1-\dfrac{n_1}{n_H}=1-i_{1H}$

$i_{1H}=1-i_{14}^{H}=1-\dfrac{101\times 99}{100\times 100}=\dfrac{1}{10000}$

$i_{H1}=\dfrac{1}{i_{1H}}=10000$

3．$i_{12}^{H}=\dfrac{n_1^{H}}{n_3^{H}}=\dfrac{n_1-n_H}{n_3-n_H}=-\dfrac{z_2 z_3}{z_1 z_2'}=-\dfrac{20\times 74}{30\times 30}$

$n_3=0$，　$\dfrac{n_1-n_H}{0-n_H}=-\dfrac{20\times 74}{30\times 30}$

$n_H=\dfrac{90 n_1}{238}=\dfrac{90\times 100}{238}\approx 38$

4．$i_{14}^{H}=\dfrac{n_1-n_H}{n_4-n_H}=-\dfrac{z_2 z_4}{z_1 z_3}=-\dfrac{25\times 75}{30\times 20}=-\dfrac{25}{8}$

$n_1=200(\text{r/min})$，　$n_4=50(\text{r/min})$

$n_H=\dfrac{8 n_1+25 n_4}{25+8}=\dfrac{2850}{33}\approx 86(\text{r/min})$

$n_H>0$，　n_H 与 n_1 转向相同。

第6章

6.1

一、填空题

1. 平面，空间 2. 所有构件，同一平面，互相平行，平面 3. 直接接触，可动连接 4. 接触形式，低副，高副 5. 类型和数目，数目

二、判断题

1. × *2. √ 3. √ 4. √ 5. × 6. √ 7. √ 8. × *9. √ 10. √

三、选择题

1. B *2. A 3. C 4. A 5. A 6. A

四、简答题

1. 两构件直接接触且能产生一定形式相对运动的可动连接，称为运动副。按两构件间接触形式的不同，运动副分为低副和高副两大类。

2. 单缸内燃机主机构中的运动副有：活塞与气缸体构成的移动副；销轴与连杆构成的转动副；连杆与曲轴构成的转动副；曲轴与滑动轴承构成的转动副。

6.2

一、填空题

1. 转动副，移动副 2. 铰链四杆机构，移动副 3. 机架，连杆，曲柄，往复摆动 4. 曲柄摇杆，曲柄摇杆，双曲柄 5. 曲柄摇杆，双曲柄，双摇杆

二、判断题

1. √ 2. √ *3. √ 4. × 5. × *6. × 7. × *8. √ *9. √

三、选择题

1. A *2. B 3. A 4. C 5. B 6. A *7. A 8. A 9. C

四、简答题

1. 平行双曲柄机构：两曲柄的转向和角速度均相同；反向双曲柄机构：两曲柄的

转向相反、角速度不相等。

2．略

6.3

一、填空题

1．长度，机架　2．非工作时间，生产效率　3．两，从动件曲柄，连杆　4．*AB*
或 *CD*，双摇杆，双曲柄　5．主动，从动

二、判断题

*1．× 2．× 3．√ *4．× 5．× 6．√ 7．× *8．√ 9．× *10．√

三、选择题

1．B 2．C 3．B 4．A *5．B *6．C 7．A 8．A *9．A 10．C 11．C
12．C 13．C 14．C

四、简答题

1．（1）最短杆与最长杆的长度之和小于或等于其余两杆长度之和。

（2）连架杆和机架中必有一杆是最短杆。

2．略

五、计算题

1．欲使此机构为双曲柄机构，*AD* 为机架且为最短杆，

当 *BC* 杆为最长杆时，$AD+BC \leqslant AB+CD$，$BC \leqslant 50mm$；

当 *CD* 杆为最长杆时，$AD+CD \leqslant AB+BC$，$BC \geqslant 30mm$；

故有：$30mm \leqslant BC \leqslant 50mm$。

2．（1）欲使此机构为曲柄摇杆机构，且 *AD* 为机架，

当 *AD* 杆为最长杆时，$CD+AD \leqslant AB+BC$，$BC \geqslant 40mm$；

当 *BC* 杆为最长杆时，$CD+BC \leqslant AB+AD$，$BC \leqslant 60mm$；

故 *BC* 杆的取值范围：$40mm \leqslant BC \leqslant 60mm$。

（2）欲使此机构为双摇杆机构，且 *AD* 为机架，

当 *AD* 杆为最长杆时，$CD+AD > AB+BC$，$BC < 40mm$；

当 *BC* 杆为最长杆时，$CD+BC > AB+AD$，$BC > 60mm$；

故 *BC* 杆的取值范围：$BC < 40mm$　或　$BC > 60mm$。

6.4

一、填空题

1. 回转，往复直线　2. 40mm　3. 曲柄，滑块，曲柄摇杆　4. 受力，行程　5. 曲柄滑块　6. 摆动导杆，曲柄滑块，移动导杆

二、判断题

1. √　2. ×　3. √　4. √　*5. √　6. √

三、选择题

1. C　*2. B　3. C　4. B　5. C　*6. B　7. A　8. C

四、简答题

1. （1）产生死点位置的条件是：滑块为主动件，且连杆与曲柄共线。

   （2）示意图略。

2. 曲柄滑块机构的演化形式有三种：导杆机构，如牛头刨床主运动机构；曲柄摇块机构，如汽车自卸装置；移动导杆机构，如手动抽水机。

第7章

7.1

一、填空题

1. 凸轮，从动件，机架　2. 主动，回转，移动运动　3. 高副接触　4. 盘形凸轮，移动凸轮，圆柱凸轮　5. 接触

二、判断题

1. ×　*2. √　3. ×　4. √　5. √　*6. √　*7. ×

三、选择题

*1. A　2. A　*3. A　4. A　5. B　6. A　7. B

7.2

一、填空题

1. 等速运动规律，等加速等减速运动规律　2. 变量　3. 轮廓形状　4. 刚性，柔性，低速或中速及轻载　5. 抛物线

二、判断题

1. ×　2. ×　3. ×　4. ×　*5. √　6. √

三、选择题

*1. B　*2. A　3. B　*4. B　5. A

7.3

一、填空题

1. 图解法，解析法　2. 反转　3. 位移曲线，反转法

二、判断题

1. √　*2. ×　3. √　*4. √

三、选择题

　　1. C　2. C　3. C

四、作图题

　　1. 略　2. 略　3. 略

第8章

8.1

一、填空题

1．有级变速，无级变速　2．输入轴转速，不同　3．滑移齿轮，塔齿轮，倍增速，拉键　4．分级，可靠，准确　5．摩擦，转动半径　6．滚子平盘式，锥面—端面盘式，分离锥轮式　7．一对齿轮传动比的大小

二、判断题

*1．× 2．× 3．√ *4．× *5．× 6．√ 7．√

三、选择题

1．A 2．A *3．B 4．A *5．C 6．A

四、简答题

1．$I \to \dfrac{z_1}{z_2} \to II \begin{cases} \dfrac{z_3}{z_4} \\[4pt] \dfrac{z_5}{z_6} \\[4pt] \dfrac{z_7}{z_8} \end{cases} \to III \begin{cases} \dfrac{z_4}{z_9} \\[4pt] \dfrac{z_8}{z_{10}} \end{cases} \to IV \to \dfrac{z_{11}}{z_{12}} \to V$

2．（1）$I \to \dfrac{26}{54} \to II \begin{cases} \dfrac{19}{36} \\[4pt] \dfrac{22}{33} \\[4pt] \dfrac{16}{39} \end{cases} \to III \begin{cases} \dfrac{28}{37} \\[4pt] \dfrac{18}{47} \\[4pt] \dfrac{39}{26} \end{cases} \to IV \to \begin{cases} \dfrac{82}{38} \\[4pt] \dfrac{19}{71} \end{cases} \to V$

（2）$n_{max} = 1450 \times \dfrac{26}{54} \times \dfrac{22}{33} \times \dfrac{39}{26} \times \dfrac{82}{38} \approx 1500(\text{r/min})$

　　　$n_{min} = 1450 \times \dfrac{26}{54} \times \dfrac{16}{39} \times \dfrac{18}{47} \times \dfrac{19}{71} \approx 30(\text{r/min})$

8.2

一、填空题

1．棘轮，槽轮　2．棘轮，棘爪，机架，止回棘爪　3．拨盘（曲柄），槽轮，机架
4．利用遮板调节，调节摇杆摆角的大小　5．摩擦力，任意

二、判断题

*1．√　2．×　3．×　*4．×　*5．×　6．√　7．√　8．×

三、选择题

*1．A　2．B　*3．C　*4．B　5．C　6．C　*7．B

四、简答题

1．（1）主动棘爪、止回棘爪、推动棘轮转动、防止棘轮间歇时逆转
　（2）逆时针转动
　（3）利用遮板调节、调节摇杆摆角的大小（改变曲柄的长度）
2．（1）1、1、相反
　（2）防止槽轮间歇时转动
　（3）2、2、相反

第 9 章

9.1

一、填空题

1. 周向固定, 运动, 转矩　2. 可拆性, 不可拆性　3. 普通平键, 导向平键, 滑键　4. 圆头 (A 型), 平头 (B 型), 单圆头 (C 型)　5. 键的截面尺寸, 轮毂, 略短于　6. 轴径　7. A, 键宽 22mm, 键高 14mm, 键长 120mm　8. 轴的端部　9. 导向型

二、判断题

*1. √　2. ×　3. √　4. √　5. √　*6. √　*7. ×　*8. √　*9. √　10. × *11. ×

三、选择题

*1. C　2. A　3. A　*4. C　5. A　*6. A　7. B　8. C

四、简答题

1. C 型普通平键, 键宽 20mm, 键高 12mm, 键长 125mm
2. 根据轴的直径 d, 按国家标准选取键的截面尺寸 $b \times h$, 键长根据轮毂的长度选取, 所选取的键长应符合标准系列值。

9.2

一、填空题

1. 两侧面, 摆动　2. 1∶100　3. 上、下面, 将楔键打入, 差　4. 矩形, 渐开线　5. 重载, 对中性, 滑动　6. 大径, 小径, 齿侧, 小径　7. 容易, 好, 小, 较大

二、判断题

*1. ×　*2. √　3. √　*4. ×　5. √

三、选择题

*1. A　2. B　*3. C　4. A　*5. A　*6. A　*7. A　*8. B　*9. C　*10. B　*11. A

四、简答题

（1）普通平键、圆头（A型）、平头（B型）、单圆头（C型）、圆头（A型）

（2）两侧面

（3）上面和下面、差、将楔键打入

（4）导向型平键

（5）平键

9.3

一、填空题

1. 固定零件之间的相对位置，定位，连接，力和转矩，过载剪断零件，安全保护
2. 圆柱销，圆锥销，开口销 3. 内螺纹圆锥，内螺纹圆柱 4. 固定，力，转矩

二、判断题

1. √ *2. × *3. √

三、选择题

*1. B 2. B *3. B 4. B *5. B 6. A

四、简答题

1. 销连接的特点是：用来固定零件之间的相互位置；用于连接，传递力和转矩；作为安全装置中的过载剪断零件，起到安全保持作用

2.（1）圆锥销、圆柱销

（2）固定零件之间的相互位置；传递力；安全保护

第10章

10.1

一、填空题

1. 回转零件，运动，动力　2. 心轴，转轴，传动轴　3. 弯曲，支承　4. 轴肩与轴环　5. 固定（轴向和周向），安装与拆卸，加工，应力集中　6. 加工，装配　7. 确定的轴向位置，做轴向移动，轴向力　8. 运动和转矩，相对转动　9. 键连接，销连接，紧定螺钉连接，过盈配合连接　10. 螺纹　11. 中间大两端小，装拆

二、判断题

*1. ×　*2. √　*3. √　*4. ×　*5. ×　*6. √　7. √　*8. ×　9. ×　10. ×　11. ×　12. √　*13. ×　14. √　*15. √　16. ×　*17. √　18. ×

三、选择题

*1. C　*2. B　*3. A　4. B　5. C　*6. A　*7. B　8. C　9. B　*10. B　*11. B　12. C　13. B　14. A　15. C　16. B　*17. C、A　18. B　19. C　*20. C

四、简答题

1. 自行车中的前轴是固定心轴；自行车中的中轴是转轴；三轮车的后轮轴是转轴。
2. 略。

10.2

一、填空题

1. 转动的轴，轴上零件　2. 滑动，滚动　3. 内圈，外圈，滚动体，保持架　4. 两相邻的滚动体，摩擦，磨损　5. 内圈，外圈　6. 10，圆锥滚子　7. 前置，基本，后置，基本　8. 类型，尺寸系列，内径　9. 大小，方向，性质　10. 6，/P0级

二、判断题

*1. √　2. √　*3. ×　4. ×　5. ×　6. √　*7. √　*8. ×　9. √　10. √　*11. ×　*12. √　13. √　14. ×　*15. √　*16. ×

三、选择题

*1．B　2．C　3．B　*4．C　*5．A　6．A　7．C　*8．A　*9．C　*10．B　*11．A
12．A　13．B　14．A　15．B　*16．C　17．B　*18．A　19．A　*20．C

四、解释下列滚动轴承代号的含义

1．略　2．略　3．略

五．简答题

1．（1）1．外圈　2．滚动体　3．保持架　4．内圈
（2）图10-2（a）
（3）图10-2（b）
（4）短圆柱滚子、球
（5）分隔开两相邻的滚动体，以减少滚动体之间的摩擦和磨损
2．（1）B　（2）A　（3）B　（4）B
3．滚动轴承的选用原则是：轴承所承受的载荷的大小、方向和性质；转速和回转精度；调心性能；经济性。

10.3

一、填空题

1．滑动轴承座，轴承盖，轴瓦（轴套）　2．径向滑动轴承，止推滑动轴承，径向止推滑动轴承　3．摩擦和磨损，冷却，散热，防锈蚀，减振　4．减摩性，耐磨性，强度
5．连续式供油，间歇式供油　6．轴承合金，铜合金，粉末冶金，铸铁，非金属材料

二、判断题

*1．×　2．√　*3．×　4．√　*5．×　6．√　7．√　*8．√　*9．×

三、选择题

*1．A　*2．B　*3．C　4．A　*5．C　6．A　*7．C　*8．B　*9．C

四、简答题

1．（1）整体式、剖分式、调心式　（2）整体式、剖分式　（3）整体式、调心式
2．略。

第 11 章

11.1

一、填空题

1. 连接两传动轴，转动，转矩　2. 刚性，挠性，安全　3. 凸缘联轴器　4. 凸肩与凹槽相嵌合，两轴对中性好，载荷平稳及轴的刚性高　5. 综合位移　6. 十字轴式万向，汽车，拖拉机

二、判断题

1. ×　*2. √　3. √　4. √　*5. √　*6. √　*7. √　*8. √　*9. ×

三、选择题

1. B　2. B　3. B　4. B　5. C　6. C　7. A　8. B　9. C　*10. B　*11. C　*12. A　*13. C　14. B　15. B

四、简答题

（1）刚性联轴器（凸缘联轴器）

（2）结构简单，装拆方便，可传递较大的转矩，适用于两轴对中性好、载荷平稳及轴的刚度好的场合。

（3）一是利用两半联轴器上的凸肩与凹槽相嵌合；二是利用铰制孔螺栓。本例中采用的是：利用两半联轴器上的凸肩与凹槽相嵌合。

11.2

一、填空题

1. 连接两传动轴，转动，转矩，分离，接合或分离　2. 啮合式，摩擦式　3. 接合，分离　4. 可靠，平稳，迅速而彻底，准确

二、判断题

1. √　2. √　*3. √　*4. √　*5. ×　*6. √　*7. ×

三、选择题

1. C　2. B　3. C　*4. A　5. A　6. C　*7. C

四、简答题

1. 相同点：联轴器和离合器都是用来连接两传动轴，使其一起转动并传递转矩的。
   不同点：离合器可使被连接的两传动轴随时接合或分离，而联轴器不能。

2. （1）顺时针
   （2）逆时针
   （3）星轮的转速大于齿圈的转速，且两者顺时针同向转动。

11.3

一、填空题

1. 摩擦力矩，速度　2. 带式，内涨式，外抱块式

二、判断题

1. ×　2. ×　3. √　4. √

三、选择题

1. B　2. A　3. C　4. B　5. C